初采集的油梨种子

剥去种皮、清洗
后的油梨种子

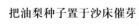

把油梨种子置于沙床催芽

一颗多胚油梨种子可以长出多株幼苗

油梨幼芽嫁接—截断砧木上端

油梨幼芽嫁接—纵切砧木

油梨幼芽嫁接—削接穗

油梨幼芽嫁接—插合

油梨幼芽嫁接—绑缚

油梨幼芽嫁接苗

把油梨嫁接苗装入营养杯

油梨幼芽嫁接苗圃

Hass 油梨植株

成年油梨园地上铺满落叶层

4

桂垦大 2 号油梨植株

桂垦大 3 号油梨植株
（挂果期）

桂研 10 号油梨植株

5

缓坡地油梨园
（设防护林）

山地油梨园
（设防护林）

生长在广西桂林市
的油梨大树

Bacom 油梨花穗

Hass 油梨花穗

Hass 油梨挂果状

Walter Hole 油梨幼果期挂果状

桂垦大 2 号油梨
挂果状

桂垦大 3 号油梨挂果状

利用升降机采摘
油梨果
（谭文犀 提供）

感染蒂腐病的油梨果实

感染炭疽病的油梨果实

油梨轮枝孢萎蔫病
（整株枯死）

油梨感染根腐病后树势衰退

树盘周围积水造成
油梨植株生长不良

油梨果实受冻
果肉变褐色

油梨轮枝孢萎蔫病
（枝条顶端枯死）

10

台风折断油梨枝干

台风吹倒的
桂垦大 2 号油梨
结果树

台风吹倒的 Hass 油梨大树

油梨果实鲜食（切片）　　　　　　　　　　　　油梨果实鲜食

用油梨果实制作的精美食品

用油梨果实制作的精美食品

油梨栽培与加工利用

陈海红　编著

金盾出版社

内 容 提 要

　　本书由油梨引种试种和选育种最早获得成功的单位广西职业技术学院陈海红副教授编著。内容包括油梨的营养价值及发展前景、生物学特性及其对环境条件的要求、主要栽培品种、育苗技术、油梨园的建立、栽培管理技术及果实采收、贮藏与加工利用等7章。本书内容全面、具体、翔实,语言通俗简练,先进性、实用性和可操作性强,对油梨生产具有很强的指导作用,适合引进试种和扩大发展油梨生产地区的基层农业技术人员和果农阅读,亦可供农业院校有关专业师生阅读参考。

图书在版编目(CIP)数据

油梨栽培与加工利用/陈海红编著 . —北京:金盾出版社,2009.3

ISBN 978-7-5082-5553-8

Ⅰ.油… Ⅱ.陈… Ⅲ.①油梨—果树园艺②油梨—水果加工 Ⅳ.S667.9

中国版本图书馆 CIP 数据核字(2009)第 013756 号

金盾出版社出版、总发行

北京太平路 5 号(地铁万寿路站往南)

邮政编码:100036　电话:68214039　83219215

传真:68276683　网址:www.jdcbs.cn

封面印刷:北京 2207 工厂

彩页正文印刷:北京百花彩印有限公司

装订:北京百花彩印有限公司

各地新华书店经销

开本:850×1168 1/32　印张:4.125　彩页:12　字数:93 千字

2009 年 3 月第 1 版第 1 次印刷

印数:1～10 000 册　定价:9.00 元

目　　录

第一章　油梨的营养价值及发展前景……………………（1）

一、油梨的营养价值和保健作用 ………………………（1）

（一）油梨的营养价值…………………………………（1）

（二）油梨的保健作用…………………………………（3）

（三）油梨的生态效益…………………………………（4）

二、油梨生产概况 ………………………………………（5）

（一）世界油梨生产概况………………………………（5）

（二）我国油梨种植概况………………………………（6）

三、我国发展油梨生产的基础条件和意义 ……………（8）

（一）广大的南亚热带山地适合油梨生长……………（8）

（二）成熟的技术条件可为油梨产业化生产提供保障……（9）

（三）油梨广阔的消费市场潜力无穷 ………………（11）

（四）油梨生产具有良好的经济效益 ………………（12）

（五）发展油梨生产,可改善生态环境 ……………（13）

第二章　油梨的生物学特性及对环境条件的要求 ……（14）

一、油梨的生态特性 …………………………………（14）

（一）西印度系油梨…………………………………（14）

（二）危地马拉系油梨………………………………（14）

（三）墨西哥系油梨…………………………………（15）

二、油梨的生物学特性 ………………………………（16）

（一）根 ………………………………………………（16）

（二）茎 ………………………………………………（16）

（三）叶 ………………………………………………（16）

（四）花 ………………………………………………（17）

（五）果实和种子 ……………………………………（18）

三、油梨对环境条件的要求 ……………………………… (19)
　（一）温度 ……………………………………………… (19)
　（二）雨量 ……………………………………………… (21)
　（三）光照 ……………………………………………… (21)
　（四）风 ………………………………………………… (22)
　（五）土壤 ……………………………………………… (22)
第三章　油梨主要栽培品种 …………………………… (24)
一、国外主要栽培品种 …………………………………… (24)
　（一）墨西哥系 ………………………………………… (24)
　（二）危地马拉系 ……………………………………… (24)
　（三）西印度系 ………………………………………… (25)
　（四）杂交种系 ………………………………………… (26)
二、国内选育的油梨优良品种 …………………………… (27)
　（一）桂垦大 2 号 ……………………………………… (27)
　（二）桂垦大 3 号 ……………………………………… (28)
　（三）桂研 10 号 ……………………………………… (29)
第四章　油梨育苗技术 ………………………………… (30)
一、苗圃地的选择与规划 ………………………………… (30)
　（一）苗圃地的选择 …………………………………… (30)
　（二）苗圃地的规划 …………………………………… (30)
　（三）苗圃地的准备 …………………………………… (31)
二、育苗技术 ……………………………………………… (31)
　（一）实生苗的培育 …………………………………… (31)
　（二）嫁接苗的培育 …………………………………… (35)
　（三）扦插繁殖 ………………………………………… (41)
　（四）组织培养 ………………………………………… (42)
三、苗木出圃 ……………………………………………… (43)
　（一）苗木的质量 ……………………………………… (43)
　（二）出圃前的准备 …………………………………… (43)

（三）起苗 …………………………………………（43）

（四）苗木分级、修剪和包装 …………………（44）

（五）苗木的假植 ………………………………（44）

（六）苗木的运输 ………………………………（45）

第五章　油梨园的建立 …………………………（46）

一、园地的选择与规划 …………………………（46）

（一）园地选择 …………………………………（46）

（二）园地规划 …………………………………（47）

二、品种选择和授粉树的配置 …………………（55）

（一）品种选择 …………………………………（55）

（二）授粉树的配置 ……………………………（56）

三、种植与种植后的管理 ………………………（57）

（一）种植时期与方式 …………………………（57）

（二）种植前的准备 ……………………………（58）

（三）种植技术及栽后管理 ……………………（60）

第六章　油梨园栽培管理技术 …………………（62）

一、幼龄油梨树的栽培管理 ……………………（62）

（一）土壤管理 …………………………………（62）

（二）施肥 ………………………………………（65）

（三）浇水及排涝 ………………………………（68）

（四）整形修剪 …………………………………（68）

（五）防虫保梢 …………………………………（69）

（六）防御台风 …………………………………（69）

二、油梨结果树的栽培管理 ……………………（70）

（一）土壤管理 …………………………………（71）

（二）施肥 ………………………………………（73）

（三）灌溉和排水 ………………………………（76）

（四）树体管理 …………………………………（76）

三、油梨病虫害防治技术 ………………………（80）

（一）主要病害及其防治技术 ……………………………（80）

（二）主要虫害及其防治技术 ……………………………（87）

第七章　果实采收、贮藏与加工利用…………………………（95）

一、采收 ………………………………………………………（95）

（一）正确判断果实成熟度 ………………………………（95）

（二）采收方法 ……………………………………………（96）

（三）分级、包装和运输 …………………………………（97）

（四）果实的后熟 …………………………………………（98）

二、贮藏保鲜 …………………………………………………（99）

（一）留树贮藏保鲜 ………………………………………（99）

（二）低温贮藏保鲜 ………………………………………（99）

（三）气调贮藏保鲜 ………………………………………（100）

（四）减压贮藏保鲜 ………………………………………（101）

（五）后熟油梨果肉的贮藏 ………………………………（101）

三、油梨果实鲜食方法 ………………………………………（101）

四、油梨果实的加工与利用 …………………………………（102）

（一）油梨加工食品 ………………………………………（102）

（二）油梨可直接用于护肤、美发等美容业 ……………（108）

（三）油梨油提取技术 ……………………………………（109）

（四）油梨油的综合利用 …………………………………（111）

参考文献…………………………………………………………（112）

第一章 油梨的营养价值及发展前景

油梨（*Persea americana* Mill）也称鳄梨、酪梨、牛油果、幸福果。为樟科鳄梨属，常绿落叶乔木。因其果实富含不饱和脂肪酸，果形多为梨形，有的品种果皮有瘤状突起、粗糙不平，酷似鳄鱼皮而又称鳄梨。油梨营养丰富，保健作用好，不饱和脂肪酸和蛋白质含量较高，味如乳酪而有"森林黄油"之美称，是一种营养型、保健型水果。

一、油梨的营养价值和保健作用

（一）油梨的营养价值

油梨果实富含人体必需的脂肪、蛋白质、矿物质和多种维生素。脂肪、蛋白质和碳水化合物是人体必需的三大营养素，其中脂肪的热能比其他两种营养素高。脂肪不仅提供能源，并且提供维持身体复杂生理功能的脂肪酸，对促进脂溶性物质（如维生素 A、维生素 D、维生素 E、维生素 K 等）的吸收具有重要的作用。据分析，优质的油梨果实每 100 克可食部分的脂肪含量为 18.7 克，蛋白质 2.5 克，糖分 5.2 克，粗纤维 2.1 克，灰分 1.4 克及多种维生素。油梨是高能食品，每 100 克果肉发热值达 191 千卡以上，高于一般的热带、亚热带水果，发热量为一般水果的 2～4 倍（表 1）。油梨中的脂肪酸约 80% 是不饱和脂肪酸，其中人体必需的脂肪酸（亚油酸、亚麻酸）含量达 27.5%。亚油酸、亚麻酸是人体必需的脂肪酸，但不能在人体内合成，需要从食物中吸取，因此，食用油梨是一条摄取亚油酸和亚麻酸的良好途径。油梨的脂肪酸极易为人体消化吸收，吸收率高达 93.7%；其营养价值与奶油相仿，但不含胆固醇,被誉为高脂低糖保健水果。常食油梨不仅不会引起肥胖,还有降低血清胆固醇及磷脂的作用。油梨果实还含有丰富的构成人体肌肉、骨骼、皮肤、毛发及血液的蛋白质,其含量为一般果蔬的2～4倍。

表1　油梨与部分果蔬主要营养成分比较　(每100克含量)

成　分	油梨	苹果	桃	香蕉	草莓	梨	萝卜	黄瓜	甘蓝	南瓜
热能(千卡)	191.0	50.0	37.0	87.0	35.0	18.0	18.0	11.0	24.0	36.0
水分(克)	70.1	85.8	89.3	75.0	90.1	94.1	94.5	96.2	92.4	88.9
蛋白质(克)	2.5	0.2	0.6	1.1	0.9	1.1	0.8	1.0	1.4	1.3
脂质(克)	18.7	0.1	0.1	0.1	0.2	0.1	0.1	0.2	0.1	0.1
碳水化合物:										
糖质(克)	5.2	13.1	9.2	22.6	7.5	3.4	3.4	1.6	4.9	7.9
粗纤维(克)	2.1	0.5	0.4	0.3	0.4	0.7	0.6	0.4	0.6	1.0
灰分(克)	1.4	0.3	0.4	0.9	0.5	0.6	0.6	0.6	0.6	0.8

注:1.引自钟思强"油梨的营养价值和保健作用"　2.油梨品种为哈斯(Hass)

　　油梨果实还含有人体所需的铁、钾、钙、磷等多种矿质营养素和维生素A、维生素B_1、维生素B_2、维生素B_5、维生素C、维生素E等多种维生素(表2)。其中的铁是合成血红蛋白必需的矿物营养素,人体一旦缺铁,则血色素下降,体内酶不足,容易发生贫血、疲倦、目眩、气喘等症状。油梨还含有较多的具有造血功能的B族维生素及促进铁元素吸收的维生素C,因此油梨是人们提高铁吸收率、预防贫血、防止疲劳等疾病首选的食物。油梨中的钾能促进排尿,可把吸收过多的钠排出体外,具有预防脑溢血的作用。

表2　油梨与部分果蔬的矿物营养与维生素含量比较

（可食部分每 100 克含量，维生素 A 单位：国际单位，其他为毫克）

成　分	油梨	苹果	桃	香蕉	草莓	梨	萝卜	黄瓜	甘蓝	南瓜
钙	0.21	0.01	0.02	0.04	0.03	0.04	0.04	0.04	0.05	0.06
磷	55	8	14	22	28	27	22	37	27	35
铁	0.7	0.1	0.2	0.3	0.4	0.4	0.3	0.4	0.4	0.4
钠	7	1	1	1	1	1	14	2	6	1
钾	720	110	170	390	200	220	240	210	210	330
维生素 A	65	0	0	15	0	23	0	85	10	340
维生素 B_1	0.10	0.01	0.01	0.04	0.02	0.04	0.03	0.04	0.05	0.07
维生素 B_2	0.21	0.01	0.02	0.04	0.03	0.04	0.04	0.04	0.05	0.06
维生素 B_5	2.0	0.1	0.5	0.6	0.3	0.5	0.4	0.3	0.2	0.6
维生素 C	15	3	10	10	80	5	15	13	44	15
维生素 E	3.3	0.2	0.9	0.5	0.4	0.3	0	0.4	0.1	1.6

注：1. 引自钟思强"油梨的营养价值和保健作用"　2. 油梨品种为哈斯（Hass）

（二）油梨的保健作用

1. 油梨可美肤、护发　从油梨果肉中提取的油梨油是不干性油，酸度小，其中含有丰富的维生素 E 及维生素 A 等，对人体皮肤有良好的保健作用。油梨油与皮肤的亲和性好，极易被皮肤吸收，除能保持皮肤的润滑外，还可作为多种营养物质的载体渗透进皮肤，因而具有良好的护肤作用。油梨油对紫外线还有较强的吸收性，对皮肤有良好的防晒保护作用。油梨油应用于护肤霜中具有抑制暗疮、滋润保湿、去死皮以及抗衰老等功能，使肌肤润滑细嫩；应用于沐浴产品和香皂中具有优越的抗刺激性和非常明显的富脂性能及滋润效果，同时还具有一定的除臭作用。

在洗发香波中添加油梨油可增加香波的稳定性，具有极佳的增泡、杀菌消炎、润滑和去头屑等调理功效，使毛发柔软、疏松、光亮。并对头屑多、头痒有较好的治疗作用。

2. 油梨有防衰老和对多种疾病的辅助治疗作用 油梨油中的果酸成分在酯化后可通过深层再水合作用,减少细小皱纹的出现,因此,能够延缓衰老和增加皮肤弹性,使皮肤更加柔软,恢复皮肤特别是年轻肤质原有的光滑效果。油梨果肉富含维生素 E,可平衡体内性荷尔蒙,增强皮下脂肪的新陈代谢,同时可扩张毛细血管,使血液流畅,防止组织衰老。

油梨果肉中的维生素 E 还具有抗氧化作用,可防止不饱和脂肪酸的氧化,抑制过氧化脂质的生成。如果过氧化脂质在脑中积聚,容易导致动脉硬化、血流不畅,是脑血栓、脑卒中的主要成因。因此,多食油梨具有清除引发癌、脑卒中、心肌梗死等有害物质的作用。

为手术后患者准备以油梨为原料制作的营养餐,如油梨汤、油梨沙拉、油梨牛奶、油梨汁等,可起到辅助治疗的作用。油梨中的维生素 E 可防止血液凝固,对防止因心脏病而引起的血管损伤、对心脏病患者康复有益。对于消化系统病患者,摄取足够的维生素 E,可恢复胃肠功能,防止黏膜损伤。油梨含糖量很低,是糖尿病患者的理想果品,用油梨果皮泡茶饮用对糖尿病有一定的缓解作用。油梨富含铁元素和 B 族维生素,是贫血患者理想的食物。

据华中科技大学同济医学院附属协和医院骨科吴宏斌等报道,油梨油中的非皂化物有促进软骨缺损修复的作用,可作为治疗骨关节炎疾病的辅助药物。日本静冈大学研究人员发现,油梨中所含的植物化学物质对损害肝脏健康的病毒有特殊的杀伤力,对肝病患者有益。此外,油梨中的不同成分还具有通经、止痛、驱虫等功能。

(三) 油梨的生态效益

油梨是一种速生常绿阔叶乔木树种,树形多姿而且美观,叶片浓绿茂密,每年换叶量大,对改良生态环境有良好的作用。据广西职业技术学院和广西国营山圩农场的观测,在一般管理条件下,油梨生长迅速,种植后第五年起即已郁闭成林,植株离地 50 厘米处主干径围达 54.8 厘米,平均年增长量为 9.1 厘米,说明油梨是速生树种。该油梨园的土地原是一片贫瘠干旱、肥力较差的山坡地,并有较多的茅草和硬骨草等恶性杂草,种植油梨 6 年后,在油梨园林下测定 10 个点,未腐烂的落叶层平均厚度达 7.5 厘米,平均每平方米林地上未腐烂的干枯落叶重 1.8 千克。当翻开地表落叶,剖开土层,即可看到表面 3～5 厘米的土壤变成了黑褐色、潮湿的有机质丰富的土层,而且表土层布满了油梨的吸收细根,土壤中有较多的蚯蚓。这说明种植油梨后落叶层不断腐烂,土壤有机质含量不断增加,土壤质地和持水力都有明显改善。园内地面上原来长的茅草、硬骨草等恶性杂草因园内郁闭度大、缺少光照而无法生长,整个地表为落叶层所覆盖。据观测,油梨园因树冠浓密,下雨时一般小雨点落不到地上,短时间下大雨,水也流不出林地。夏天烈日当头时,园内温度也明显比园外低,可起到改善环境条件和蓄水改土的作用,形成一个多功能的小范围森林生态环境。

因此,种植油梨不仅有良好的经济效益,而且可以绿化荒山荒地,防止水土流失,改善生态环境,具有良好的生态效益。

二、油梨生产概况

(一) 世界油梨生产概况

油梨原产于中、南美洲。早在 13 世纪时墨西哥已开始栽培油梨。1492 年当哥伦布发现新大陆时,美洲的热带和中、南亚热带地区已广泛种植油梨。但作为商业性生产则是从 20 世纪初期才开始的。近几十年来,推广了哈斯(Hass)、富尔特(Fuerte)等优良品种及防治油梨根腐病研究工作取得了较大进展,使世界油梨生产得到了迅猛发展。以墨西哥为例,1973 年油梨种植面积仅 2 万公顷,年产量 24 万吨;1983 年种植面积达 4.26 万公顷,年产量 27.21 万吨;1989 年种植面积 9 万多公顷,年产量达 65 万多吨;2000 年种植面积 9.4 万多公顷,年产量猛增到 93.9 万多吨。在不到 30 年的时间内,其种植面积增加近 5 倍,产量增加了 4 倍,增长速度十分惊人。根据联合国粮农组织统计,2000 年全世界油梨种植面积已达 327 645 公顷,产量 2 336 765 吨,在水果生产中排第十一位。目前,世界上在地球南北纬 30°范围内约有 37 个国家大规模生产油梨,主要产区是美洲、加勒比群岛、以色列、澳大利亚、西班牙、菲律宾群岛和非洲等。最大的油梨生产国依次是墨西哥、美国、巴西、哥伦比亚、委内瑞拉、智利、以色列、澳大利亚、西班牙和南非等,甚至像日本、俄罗斯这样一些纬度偏北、气候较冷的国家也已开始种植油梨。

(二)我国油梨种植概况

我国于 1918 年开始把油梨引入台湾,1925 年引入广东省的广州、汕头、揭阳,1931 年引种到福建省的福州、莆田、厦门、漳州等地。当时引种的数量很少,而且都是实生树。解放后,在广东、海南、广西等省(自治区)才开始较大规模地试种并开展品种选育工作,至今我国大陆已有广西、广东、海南、福建、云南、四川、浙江、贵州、湖南等省(自治区)试种油梨。

我国 20 世纪 80 年代以前种植的油梨大多数是实生树,果实品质差、产量低,而且多为零星分散种植。80 年代后期,油梨被列入我国南亚热带水果发展之列后,才有了连片生产性种植,并开始对引种试种、选育种、丰产栽培、病虫害防治及果实保鲜加工等方面进行较系统的研究。这期间工作最有成效的主要有广西和海南两个省(自治区)。广西壮族自治区农垦局在国务院南亚办的支持下,1987 年开始由广西职业技术学院(原广西农垦职工大学)、广西亚热带作物研究所龙州试验站(原广西橡胶研究所)和广西国营山圩农场等单位协作,在广西国营山圩农场建立了较大面积的油梨生产及试验基地,该基地用于选育种的试验区为9.5公顷,参试品系23个,其中有世界油梨良种哈斯(Hass)和富尔特(Fuerte)等国外9个品种,广西亚热带作物研究所龙州试验站自选优良无性系11个,广西职业技术学院自选优良无性系3个。另外,还有以哈斯(Hass)为主的生产区10多公顷。同期,广西职业技术学院相继在广西邕宁县林业局良庆苗圃站试种了3.3公顷良种油梨,在校内实验农场及广西国营明阳农场建立油梨优良无性系初选、复选试验区4公顷。在开展品种选育工作的同时,进行油梨丰产栽培、贮运保鲜加工和油梨油提取技术等多项试验,取得了一系列科研成果。广西亚热带作物研究所龙州试验站也种植有试验园及生产性油梨园10多公顷。至20世纪90年代初,广西上述3个单位的油梨种植面积达30多公顷。在这些油梨园中,无论是自选的优良无性系,还是国外引进的品种,都表现出良好的适生性,多数品系都表现出早产、丰产和优质的性状。中国热带农业大学(原华南热带作物学院)在对油梨进行多年引种试种及选育种的基础上,于1988年与国防科工委海南通讯站协作,在海南省白沙县七坊镇木棉村建立了连片的油梨园,总面积达37公顷。该油梨园有从美国引进的良种62个、自选优良无性系11个参加试种,这是当时国内连片种植的面积最大、品种最多的一个油梨园。该试验园1992年8月通过现场验收和鉴定,有多个品种达到了早结、丰产的要求。与此同时,海南省农垦定安热带作物研究所和福建省亚热带植物研究所也建立了油梨无性系良种选育试验区,开展油梨优良无性系的选育工作。

此外,近几年广东省的油梨生产发展速度也较快,其中广东省江门市林业局在广西职业技术学院和中国林业科学院热带林业研究所的指导下,在广东省鹤山市四堡林场等地种植油梨几十公顷。福建、云南、四川、贵州等省也进行了引种试种或品种比较试验,为推动油梨生产发展进行了大量卓有成效的工作。

通过几十年的引种试种实践证明,油梨在我国南部及西南部的广大亚热带山地有良好的适生性和丰产性。但由于人们对这种水果的特殊性认识不够,致使我国的油梨生产发展十分缓慢,目前仍没有较大规模的油梨种植园。

三、我国发展油梨生产的基础条件和意义

我国油梨虽然还没有形成规模生产,油梨产业化尚在起步阶段,但我国引种油梨已有 80 多年的历史,科研工作者经过不懈努力,在油梨优良品种选育、种苗繁育、丰产栽培、病虫害防治及产品深加工等方面都取得较为成熟的经验和成果,油梨产业化的技术条件已经成熟。同时,随着我国经济的快速发展和人民生活水平的迅速提高,将会改变人们对水果的传统观念,油梨果实的高不饱和脂肪酸、高蛋白、低糖的营养价值更符合人们对水果保健型、健康型的要求,国内油梨的消费量将会与日俱增。此外,我国港、澳、台地区和邻近我国的日本需要进口大量油梨,发展油梨生产在满足国内市场消费后,也可以出口创汇。因此,我国油梨产业化生产的时机已经成熟,前景十分广阔。

(一) 广大的南亚热带山地适合油梨生长

油梨属热带、亚热带果树,但其不同的生态类型,对低温的适应能力较强,最耐寒的品种可忍受 −7℃ 的低温,其耐寒性与柑橘相似。多年引种试种实践证明,油梨可以在我国台湾、海南、广东、广西、福建、云南的大部地区及贵州、四川、浙江等省的部分亚热带山地种植。油梨对土壤条件的要求也不很严格,只要土层较深厚、排水良好、不易积水,一般热带、亚热带果树能生长的地方均可种植。

在较好的栽培管理条件下,油梨可获得早结丰产。油梨优良品种一般种植后 3 年可投产,进入盛产期后每公顷产量约达 15吨。据广西职业技术学院对油梨试验区的测产,高产品种 3 年生

油梨株产达 40.13 千克,每公顷折合 11.136 吨。该油梨园在
2000 年测产,8 年生油梨树有 4 个品种平均单产超过 15 吨/公顷,
最高产的品种平均株产为 74.34 千克,每公顷折合 21.184 吨。油
梨的丰产潜力很大,广西职业技术学院 1996 年测定一株 12 年生
的桂垦大 2 号油梨,株产达 180 千克;广西龙州县农垦机械厂有一
株 32 年生的油梨实生大树,曾年产果实 500 多千克。因此,油梨
在我国广大南亚热带地区有很好的适生性和丰产性。

(二) 成熟的技术条件可为油梨产业化生产提供保障

我国对油梨 80 多年的引种试种,在广大科技人员的努力下,
已完全掌握了油梨生产的技术条件。特别是广西职业技术学院
30 多年来对油梨进行了引种试种、丰产栽培及保鲜加工等一系列
研究,取得了多项研究成果,在油梨良种选育、种苗繁育、丰产栽
培、病虫害防治及深加工等方面的技术在国内处于领先地位。

1. 选出了适合于我国南亚热带山地种植的优质、高产良种
广西职业技术学院及广西亚热带作物研究所龙州试验站自 20 世
纪 80 年代初,对广西 100 多个试种点进行了调查,从 7 000 多株实
生树中初选出 20 多个优良株系;在广西职业技术学院、广西热带
作物研究所龙州试验站及广西国营山圩农场等地建立无性系比较
试验区初选出优良无性系 8 个,并进一步参加复选试验,选育出桂
垦大 2 号、桂垦大 3 号及桂研 10 号等 3 个高产、优质的油梨新品
系。这三个品系经过多点、多年试种,性状表现稳定,2003 年获得
广西壮族自治区种子总站作物新品种登记证书。目前这三个油梨
品种已在广西、广东、云南、福建等省(自治区)推广种植 200 多公
顷,表现良好,可应用于大面积生产性种植。

此外,海南省农垦定安热带作物研究所和福建省亚热带植物
研究所也建立了油梨无性系良种选育试验区,通过初选、复选,选
出无性系"四-40 号"、83-06 号和 84-01 号等优良无性系,并已在局
部地区进行生产性试种。

2. 国外油梨良种在我国有良好的适应性　广西职业技术学院从 20 世纪 80 年代开始陆续从美国、澳大利亚、以色列等国引进油梨优良品种 20 多个，经试种观察，已看出当前世界主栽的油梨优良品种——哈斯（Hass）具有良好的适生表现。该品种有园艺性状好、早产、稳产、优质及耐贮运的特点，可作为我国推广的主要品种之一。目前，该品种的产量占世界油梨产量的 50% 以上，在我国种植该品种可与世界油梨生产接轨，为油梨果实的外销创造条件。另外，中国热带农业大学 20 世纪 80 年代也曾从美国引进 60 多个油梨品种，在海南省白沙县七坊镇木棉村试种，经多年观测，发现路拉（Lula）等品种有较好表现，可在我国南亚热带偏南地区种植。

3. 已探索出油梨良种苗木的快速繁育方法　广西职业技术学院油梨科研组已研究成功油梨良种苗木的快速育苗方法——油梨幼芽嫁接技术。利用该技术育苗，从播种到嫁接苗出圃仅需5～6个月时间，比常规育苗方法缩短育苗周期 1 年左右。同时，采用种子纵剖法，增加繁殖系数，解决了种子紧缺的问题，可在短期内为油梨生产发展提供足量的优质苗木。

4. 油梨深加工的主要问题已经解决　广西职业技术学院油梨科研组利用离心分离的方法提取油梨油已取得成功，并对其精炼技术进行了研究。用该技术提取的油梨油质量好，提取率高，生产工艺较简单，对设备要求不高，可以进行大规模生产。另外，广西轻工研究院和广东南亚作物研究所等单位采用先进的超临界流体萃取技术来提取油梨油，进一步提高了油梨油的品质，可为我国化妆品工业提供一种新的优质基础油。

此外，油梨果实加工成果酱、果汁、油梨粉及冷饮等技术都已试验成功，可大大拓宽油梨生产发展后的产品销路渠道。

综上所述，我国已完全具备发展油梨生产的技术条件。

（三）油梨广阔的消费市场潜力无穷

目前世界油梨每年产量约 200 多万吨,绝大部分均在生产国国内消费,每年鲜果的贸易量约 20 万吨,只占产量的 10% 左右。油梨的主要出口国为墨西哥、南非、以色列、智利等,主要进口市场是欧洲、加拿大及日本等,其中欧共体进口量占 70%。仅以色列每年向英国、法国等国家出口油梨达 6 万吨,占以色列油梨产量的 70% 以上。日本对油梨的消费量增加很快,20 世纪 70 年代油梨进口还不多,但到 1984 年已进口 2 400 吨,1987 年进口量猛增到 5 222 吨,1998/1999 年度为 8 100 吨,2003 年进口油梨量达到 24 000 多吨。美国为油梨生产大国,1997/1998 年度生产油梨 20.5 万吨,但还不能满足国内消费需要,同年还从智利、墨西哥等国进口 4.78 万吨。我国的台湾、香港等地也有一定消费量,主要从美国、澳大利亚等国进口。由此可知,油梨有广阔的国际市场。

油梨在国际水果市场中价格高,美国、以色列等油梨出口国在船上交货价每吨为 1 000～1 300 美元。美国、澳大利亚等国的超市油梨零售价为 1～2 美元/个(200 克左右),香港约 13 港币/个,在墨西哥为 3 335～3 500 比索/千克(约合 1.6～1.7 美元),其价格约为甜橙的 5 倍。

我国各大城市中的高级宾馆、超市及机场多从国外进口油梨。在广州市的水果批发市场,从澳大利亚进口的油梨每箱(约 6 千克)销售价约为 240 元人民币,宾馆、超市及机场出售的油梨价格高达 60～120 元人民币/千克。

油梨生产国的人们对油梨非常喜爱,国内市场的消费量很大。例如,以色列的家庭主妇将油梨视同番茄、胡萝卜一样,成为每日蔬菜中不可缺少的一部分;危地马拉人几乎将油梨当作主粮食用;墨西哥是当前世界油梨生产大国,人均年消费量达 10 千克以上。我国绝大多数人对油梨还很陌生,品尝过油梨的人还很少,有些人认为油梨不甜不酸不好吃。但随着人民生活水平的不断提高,人们对油梨营养价值的认识逐渐普及,油梨的消费量将会不断增加,国内将是一个巨大的市场。如果 10 年以后全国有 1/10 的人口(即 1.3 亿人)食用油梨,人均消费量以墨西哥人的 1/10 计算,则全国每年的油梨消费量约 13 万吨,按平均 15 吨/公顷的油梨鲜果产量计算,全国种植面积需要 0.87 万公顷才能满足国内需求。我国油梨生产发展后产品还可打入国际市场,销往我国港澳特区、日本等地,发展前景不可估量。因此,我国发展油梨生产具有巨大的潜力。

(四)油梨生产具有良好的经济效益

我国改革开放 30 年来,经济建设取得巨大成就,人民生活水平不断提高。但是,我国西部与东部相比经济发展滞后,人民生活水平提高较慢,还有一部分农民尚未脱离贫困线。应该看到,西部广大南亚热带山区有着得天独厚的自然条件,由于种种原因没有得到充分开发利用,这些地区有的是非常适合种植油梨的。初步估计,种植油梨正式投产后,年收入可达 60 000 元/公顷以上,扣除成本可年创利 30 000 元/公顷以上,这是南亚热带地区种植其他作物所无法比拟的。由此可知种植油梨是使南亚热带山区农民脱贫致富的一条好路径。在这方面,墨西哥发展油梨生产使当地农民致富值得我们借鉴。墨西哥的油梨生产高度集中在东部米却肯州的山区,该地区 1988 年的油梨种植面积达 8 万公顷,占该国当时种植油梨面积的 88.8%,是世界上最大的油梨产区,油梨的产值占该州水果总产值的 62%,达到 112 万比索。而位于米却肯州油梨产区中心的乌拉邦市,20 世纪 60～70 年代原是一个山区普通小镇,由于发展油梨,现已发展成一个中等城市,人均年收入已由 70 年代的 250 美元左右增加到 1989 年的 1 300 美元,增长了 4.2 培,发展速度是很快的。因此,我国西部亚热带山区种植油梨,不仅可使至今还达不到温饱线的农民解决粮食不足、营养不良的问题,而且通过发展油梨生产,将油梨果销往国内的大城市或出口外销,可获得较高的经济收入。

（五）发展油梨生产,可改善生态环境

种植油梨不仅可取得良好的经济效益,而且对改善生态环境具有重要意义。油梨树是一种速生阔叶高大乔木,四季常绿,叶片浓绿茂密,树形美观。每年春季换叶量大,换叶期集中,园内落叶层很厚。油梨树生长迅速,成林快,寿命长,果园成林后,园内完全被枯枝落叶所覆盖,形成良好的森林生态环境,对保持水土,改良生态环境有良好的作用。在一般管理条件下,油梨种植后第五年即郁闭成林,成年油梨园内地面被一层厚厚的落叶层所覆盖,近地表面2～3厘米的土壤变成了黑褐色的、潮湿的、有机质丰富的土层。这是由于油梨落叶层不断腐烂,增加土壤有机质,使得土壤质地和持水力都有明显改善。油梨园因树冠浓密,一般短时大雨,水流不出林地。夏季高温时,林内温度也明显比林外低,可起到改善环境和蓄水改土的作用,形成一个多功能的小范围森林生态环境。

第二章　油梨的生物学特性
及对环境条件的要求

一、油梨的生态特性

油梨属樟科(*Lauraceae*)鳄梨属(*Persea*),学名为 *Persea a-mericana* Mill。其自然分布是以中美洲为中心,分布范围从热带的哥伦比亚至墨西哥南部的高山亚热带地区。根据原产地生态条件的不同,油梨主要分为三个种系,即西印度系—P. *americana* var. *americana* (Antillean or West Indian)、墨西哥系—P. *americana* var. *drymifolia*(Schlecht and Cham)Blake(Mexican)和危地马拉系—P. *nuvigena* var. *guatemalensis* L. Wms. (Guatemalan)。三者生态起源不同,对气候的适应性尤其是耐寒性也不一样。

(一) 西印度系油梨

原产于中美洲加勒比海一带的安狄列斯群岛,故又名安狄列斯系油梨。自然分布在海拔 800 米以下低地,对高温高湿的热带低地条件很适应,耐寒能力差,一般在 0℃以下的低温会严重受害,可视为热带果树。该种系的油梨果实大,果皮薄而光滑,单果重可达 1 千克以上,果肉的脂肪含量低,一般仅占果肉的 7%~10%。花少有纤毛,新叶揉碎无茴香味。

(二) 危地马拉系油梨

原产于危地马拉和墨西哥南部海拔 1 800 米以下的山地丘陵,属中、南亚热带生态型的种系。耐寒能力较强,3 年生以上的植株在辐射低温降至-2.2℃时才会出现冻害,-6.1℃时才会严重受害,可视为亚热带果树。该种系在地球南、北纬30°范围内的地区有广泛种植,甚至在美国北纬37°的旧金山一带较避寒的地区也有栽培。我国以前引种的主要是这一种系,广西全区境内几乎都有过引种试种,在绝大部分地区均可安全越冬,并能正常生长,开花结实。这一种系中的不同品种,果实的外观和内质会有较大差异,从外观而言,有梨形、圆形、椭圆形、长椭圆形等,形状各异。单果重从0.2~1千克不等,甚至更大。果皮表面有光滑的、粗糙的和瘤状突起的。果实后熟时果皮有绿色、黄绿色、红色和紫黑色等不同颜色。有早熟、中熟和晚熟的品种,采收期可从当年8月份延续至翌年2~3月份。果肉的脂肪含量为10%~30%。花少有纤毛,嫩叶揉碎没有茴香味。

(三)墨西哥系油梨

原产于墨西哥山地,自然分布可达2 400~2 800米高山雪线以上的"山地冷带"气候区,属亚热带生态型品种,也是最抗寒的一个种系。一般平流低温和雨雪不会对它产生寒害,只有辐射低温达到-6℃~-10℃时,才会出现幼芽和枝叶冻害。可视为半亚热带果树。该种系的果实较小,一般单果重在0.25千克以下,果皮薄且光滑,种子比例较大,可食部分少,故经济价值不大,目前我国引种较少。但该种系抗寒力强,果肉脂肪含量为18%~30%,因此可作杂交育种的亲本,以培育抗寒和优质的油梨品种。花多纤毛,嫩叶红色,揉碎有强烈的茴香气味,是区别于西印度系油梨和危地马拉系油梨的最重要特征之一。

除上述三个种系外,油梨栽培品种中还有不少是这三个种系间的杂交种。在生产中主要有危地马拉系×墨西哥系和危地马拉系×西印度系的杂交种。

二、油梨的生物学特性

油梨为常绿阔叶高大乔木,在自然生长条件下,实生树高达10～20米,嫁接树高约10米,树冠宽阔,一般冠径为6～8米。油梨树自然寿命可达100年以上,经济寿命为40～50年。

(一) 根

油梨根系浅生,侧根垂直分布范围多在地下1米以内,绝大部分分布在土壤表层的30厘米以内。根部无根毛,由菌根代替根毛吸收水分和养分,菌根共生于根尖端,粗约1毫米,在通气良好的湿润土壤中,菌根容易迅速形成。如土壤过于干旱,对根系生长不利。但如果土壤排水不良,水分含量过多,根系不仅生长不好,还容易导致根腐病。因此,种植油梨必须选择通气、排水良好的土壤。

油梨不容易形成不定根,一旦根系受损,特别是较大的侧根受损,较难恢复生长,并容易使病菌从伤口侵入,感染根腐病。因此,在栽培过程中要尽量减少根部损伤。

(二) 茎

油梨多数品种枝干直立,分枝较多,枝条开张,多为阔圆锥形、圆头形或半圆头形树冠,也有些品种树冠直立而不开张。1年生枝梢表皮绿色、光滑,枝条质地柔软而松脆,易折断,老熟后为暗褐色。主干及大枝皮灰褐色、粗糙,木质部质地疏松。

油梨幼树一年可抽生4～5次梢,结果树一年可抽生3～4次梢。在开花的枝梢上,油梨的新梢从花穗顶部抽生出来。

(三) 叶

油梨叶片较大,单叶互生,螺旋状排列。叶全缘,革质,叶面深绿色,光滑,叶背灰白色,有茸毛。嫩叶颜色因品种不同而异,有淡绿色、紫红色和古铜色等。叶形多为椭圆形、长椭圆形、披针形、倒卵形等,叶尖端急尖或渐尖,基部楔形。叶面凹陷或平展。叶脉羽状,一般有 6～7 对侧脉,突起于叶背。墨西哥系品种的油梨叶片揉碎时有强烈的茴香香气,这是区别于其他两个种系的重要特征之一。

油梨叶片的寿命一般在 10～20 个月,幼龄树或不开花的植株叶片寿命较长。结果树在每年春季开花期有一个比较明显的集中换叶期,此时部分老叶逐渐褪绿黄化,并陆续脱落。开花量大或肥水不足的植株绝大部分老叶会在开花期黄化脱落,与此同时在花穗顶端抽生新梢长出新叶,接替老化脱落的叶片。

(四) 花

大多数油梨品种开花期在 3～4 月。花序为圆锥花序,着生于 1 年生枝条的顶端或叶腋间。花序中花朵数量与品种有关,一般一个花序由几十朵至几百朵小花组成。花小而密,色淡黄带绿,直径约 1 厘米;花柄淡绿色,长 5～7 毫米,花被外多茸毛,属完全花;花萼与花瓣连成花被共 6 枚,分内外两层排列;雄蕊 12 枚,排列成 3 轮,其中 9 枚发育正常(外轮 6 枚,内轮 3 枚),退化的 3 枚与内轮雄蕊对生。花药 4 室,上面 2 室较小,每室都具有透明的花粉室盖;外轮雄蕊的药室多为向内着生,内轮雄蕊的药室则多向外着生;内轮雄蕊基部着生 6 个蜜腺,橙黄色,有黏性,与外轮雄蕊相间着生;子房一室上位,具有一侧生胚珠;花柱细长,浅绿色,长 5～7 毫米,伸直或弯曲,有极细小的白色茸毛,柱头 1 个,呈盘状。

油梨花虽然属于完全花,但雌、雄蕊异熟,根据雌蕊和雄蕊成熟的时间和顺序不同,可把油梨的花分为 A 型花和 B 型花两类。A 型花花朵第一次开放是在当天上午,此时花中的雌蕊已成熟,可以接受传粉受精,但该花的雄蕊还未成熟,没有散发出花粉粒,花朵于当天下午第一次闭合;花朵第二次再开放是在第二天下午,此时雄蕊已经成熟,花药可散发出花粉粒,但雌蕊已经失去了接受花粉受精的能力,傍晚花朵永久闭合。B型花花朵第一次开放是在当天下午,此时雌蕊已经成熟,可以接受传粉受精,但该花的雄蕊尚未成熟,没有散发出花粉粒,花朵于当天傍晚第一次闭合;花朵第二次再开放是在第二天上午,此时雄蕊已经成熟,花药可散发出花粉粒,但雌蕊已经失去了接受花粉受精的能力,下午花朵永久闭合。

由于油梨存在A型和B型两种花型,同一品种或同一花型品种的花朵之间相互授粉的概率低,结实率也低,因此,在栽培中要考虑A型、B型两种花型的品种适当搭配,才有利于授粉结实(图1)。也有些油梨品种的花有A、B交叉混合型的,可以自花授粉结实,但是结实率也较低,因此,生产上大面积种植时还是应该搭配种植A型和B型两种花型的品种,才能实现高产稳产。

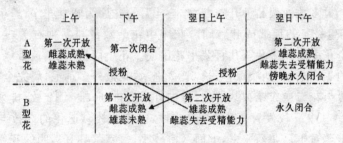

图1 油梨A、B型花开放顺序及相互授粉示意

(五) 果实和种子

油梨果实为肉质核果,形状因品种而异,有梨形、卵形、椭圆形、球形、茄子形等。单果重也有很大差异,小型果实仅20~30克,大型果实可达1500克,最大型有超过2000克以上的。果皮革质,果实未后熟时一般为绿色或黄绿色,后熟以后有绿色、黄绿色、紫色、暗红色、黑褐色等。外果皮厚度不同品种间也有很大差异,薄的不足0.1毫米,厚的可达2毫米以上,有的光滑,有的粗

糙,有的表面有许多瘤状突起;中果皮即为果肉部分,浅黄色至深黄色,近似牛油状,靠近外果皮部分因含有叶绿素而略带青色;内果皮与种皮结合在一起,呈褐色,果实成熟时有的紧紧黏附在种子上,有的则较疏松,易从种子上剥离。

油梨坐果率低,大多数品种在幼果期有两次明显的生理落果高峰:第一次生理落果在谢花后的第一至第二周(在广西南宁为4月中下旬)开始,主要是授粉受精不良的幼果脱落;第二次生理落果在谢花后1个月左右(在广西南宁约为6月份)开始,主要是树体养分供应不足所致。有些地区受台风影响还会造成采前大果脱落。秋旱地区如不能及时灌水,也会引起采前落果。

油梨果实发育期的长短因品种而异,通常从坐果至果实成熟,早熟品种约需120天,中熟品种约需150天,晚熟品种需180～240天。在广西南宁,大多数品种的果实生长高峰期在6月下旬至8月中旬,果实成熟期在8月下旬至12月份左右。大多数品种果实成熟后,如不及时采收,即会自然脱落,尤其是果实成熟期遇到高温干旱天气,采前落果会加剧。而哈斯(Hass)品种的果实成熟后不容易脱落,成熟果实可留树保鲜2～3个月不脱落,果实最长挂树期可达300天左右。

油梨果实内有种子一颗,大型,占果重的10%～30%,多为扁圆形或心形;子叶2枚,黄白色,多胚或单胚。

三、油梨对环境条件的要求

油梨的不同种系起源于不同的气候环境区,因而不同种系的栽培品种对气温的要求差异比较明显,特别对低温的适应性有较大区别,而对土壤、雨量、通风和光照等的要求是基本一致的。

(一)温 度

由于三个种系生态起源不同,对温度的适应范围不一样,因此,从整体而言,油梨对温度的适应范围比较大。

油梨最适宜的生长温度为 25℃～30℃。如温度过高,油梨生长发育受阻,特别是在干旱地区,如温度超过 44℃时,叶片容易被灼伤,开花坐果期还会引起落花落果;果实膨大期遇到高温、干旱将严重影响果实生长;果实成熟期遇高温,向阳果面容易被灼伤。根据在广西南宁的多年观察,幼果期遇到气温连续 7 天在 35℃以上的高温、干旱天气,如果不能及时灌溉,将会造成大量幼果脱落。

不同的油梨种系对低温的适应性不同。墨西哥系品种耐寒性最强,能耐 -7.8℃～-10℃ 的低温;耐寒力中等的危地马拉系品种在 -6℃ 低温下会严重受害;西印度系品种在 0℃ 以下就有可能受害。油梨开花期间如遇到 13℃ 以下低温,会严重影响花朵的授粉受精,而大大降低坐果率。迟熟的油梨品种在冬季遇到低温霜冻天气,会引起果实冻伤,一些品种的果皮变暗红色,严重时造成大量落果。

油梨的耐寒能力比一般热带、亚热带果树强。在我国华南地区,一般的平流低温对油梨的生产没有太大的影响,如 2008 年初华南地区遭受特大冰雪灾害袭击,广西柳州市以南地区的香蕉、龙眼、荔枝等亚热带果树均受到不同程度的寒害,有的甚至整株冻死,而油梨只是部分叶片或末级枝梢受冻伤,少部分枝干因冰雪重压被折断,对当年的开花结果几乎没有影响。严重的霜冻会对油梨生产造成一定的影响,如 1999 年冬季华南地区遭受 50 年一遇的严重霜冻,低洼地夜间温度降至 -5.6℃,当时广西南宁市郊区的 5 年生危地马拉系油梨园,只有种植在较低洼地的植株顶部叶片受害,部分品种的末级枝梢被冻伤,造成第二年不能开花结果。而种植在同一地段、树龄相同的龙眼、荔枝树绝大部分植株受冻严重,枝梢和叶片全部干枯,主干、主枝皮层爆裂,一部分植株整株冻死。

（二）雨　量

油梨原产地年均降水量一般在 1 200 毫米以上，且有明显的干湿季节。世界各地引种试种的实践证明，油梨在年降水量 1 000 毫米以上的地区均可正常生长发育，春季多雨，油梨树生长茂盛，能提高产量。如年降水量在 900 毫米以下，或一年中有 4～5 个月干旱的地区，则需要有灌溉条件才能获得高产。油梨在开花期至幼果生长时期对水分最为敏感，在广西正值 3～5 月的春旱季节，如果缺水干旱容易引起油梨花穗萎蔫，结实率低，并会引起幼果大量脱落。为了保证正常开花，减少落果，促进幼果的正常生长发育，此时必须进行人工灌溉，并做好树盘覆盖，保持土壤湿润。此外，7～9 月份果实膨大期及果实将要成熟时也不可缺水，否则会严重影响产量。

在有灌溉条件的前提下，就是雨量少的地区也可种植，由于这些地区光照充足，只要能及时灌水也可获得高产。例如，以色列的年降水量仅为 200～700 毫米，由于当地的油梨园多采用滴灌技术，水分供应得以保证，他们种植的哈斯（Hass）油梨品种每公顷产量高达 20 吨。美国加州的降水量也很少，却是美国油梨的主要产区，就是有良好的灌溉设施做保障。

油梨根系具有好气性，如果长时间灌水过量或连续降雨，土壤含水量过多，会造成油梨根系生长不良，严重的还会引起根系腐烂，甚至整株死亡。因此，油梨园灌溉时不宜采用漫灌方式，同时要建好油梨园的排水系统，确保大雨时园内不积水。

由于油梨花期长达一个多月，因此，春季开花期遇短期的降雨对授粉受精影响不大。

（三）光　照

光照的长短对油梨的生长没有显著的影响，只要气温合适，油梨一年四季均可生长。但油梨不耐烈日暴晒，特别是在幼苗期，如地表温度过高容易引起幼茎灼伤,需要适当荫蔽。成龄油梨树需要充足的光照,以利于花芽分化及花序的发育。树冠内光照充足的部位花序多,花量也多,坐果率高,而且果实发育正常;荫蔽的枝条则花序少,花量也少,结果少。因此,油梨树一般南面、西南面及树冠顶部的枝条较树冠北面及下层的开花结果多。老油梨园如果树冠管理不善,枝条互相荫蔽,树冠内光照不足,结果部分将上移,只在树冠顶部结果,导致结果量大大减少。

(四) 风

油梨树速生快长,木质松脆,枝叶茂密,树冠高大浓重,特别高产的品种往往因挂果量多、枝条承受重量过大而折断。同时,油梨的主根不发达,侧根大多分布在土层 30 厘米左右,因而,油梨树抗风力差,遇大风容易引起植株倒伏,甚至连根拔起。结果树如遇大风还会造成大量落果。例如,2008 年 8 月 7 日和 9 月 24 日,广西国营山圩农场油梨园遭受"北冕"和"黑格比"两次强台风袭击,最大风力为 7~8 级,造成将近成熟的果实落果达 70% 左右,有部分植株被风刮倒。根据多年观察,油梨在常风强度小于 3 级、阵风强度小于 8 级的地区种植较有保障。应选择台风影响不到、常风较小的山地丘陵发展油梨生产。在有强风影响的地区种植油梨,必须营造防风林,并选用树冠较矮小、枝条开展的抗风品种。经常有台风袭击的近海地区一般不适宜种植油梨。

(五) 土 壤

油梨对土壤适应性较广,只要排水良好,不论壤土、沙土、砾质土均可生长结果,但以土层深厚、有机质丰富、结构疏松的壤土最为理想。油梨根系忌积水,在排水不良的土壤,如低洼地、高岭土或地下水位高的土壤中油梨根系生长不良,并易引起根腐病而腐烂、死亡。因此,选择油梨园地要求土壤通气与排水良好、土层深1 米以上,地下水位 1.5 米以下,1.2 米以内的土层没有不透水的硬盘或岩石,pH 值为 5.5～6.5 并含有丰富有机质的土壤最为适宜。

就地势而言,平地、坡地均可种植油梨,但以 10°以下的缓坡地为好,坡度大于 10°以上的山地,则必须做成梯田,以减少水土冲刷。平地油梨园则要做排水系统的规划,确保雨季园内无积水。

第三章　油梨主要栽培品种

一、国外主要栽培品种

(一) 墨西哥系

1. 墨西科拉 (Mexicola)　属早熟种。树形直立,树冠大小中等,较丰产。A 型花,开花期 4～5 月份。果实梨形,单果重 120～200 克。果皮黑紫色,种子大,可食部分少。抗病性和耐寒性强,可耐－10℃低温,是理想的砧木品种。

2. 巴康 (Bacon)　树型高大,较直立,叶色浓绿。B 型花,开花期 2～3 月份。果实成熟期在 10～11 月份。果实卵形,单果重170～340 克,果皮薄,绿色而光滑。果肉质地细腻,纤维少,风味较好。耐寒性较强,可耐短时－6℃低温。

3. 祖坦诺 (Zntano)　从墨西哥系油梨实生树选出的中熟品种。植株高大,树形直立。B 型花,开花期在 2～3 月份,果实成熟期从 10 月份至翌年 3 月份。果实梨形,单果重 150～400 克。果皮薄而光滑,黄绿色,有黄色小斑点。果肉淡黄色,品质中等。可耐－3℃的低温。

4. 杜克 (Duke)　植株高大,生长势强,树冠开张,丰产。B 型花,开花期 3 月份。果实呈长圆梨形,单果重 100～200 克。果皮亮绿色,有浅色斑点。果肉淡黄色,含油率 21%～22%。种子较小。耐寒抗风,可耐－5.5℃的低温。

(二) 危地马拉系

1. 哈斯 (Hass)　植株大小中等,树形开展。A 型花,但可自花结实,产量稳定。开花期为 3～4 月份。果实于 11 月下旬至翌年 2 月份成熟。果实卵形,单果重 140～340 克。果皮厚度中等,坚韧,有瘤状突起,粗糙不平,未后熟时果皮为绿色,后熟果皮为黑褐色。果实较耐贮运,果肉品质佳,含油量 18%～22%。由于该品种有稳产、优质、耐贮运的特点,综合性状优良,因此,是目前世界上的主栽品种和主要的出口商业品种。其缺点是果实后熟时果皮呈黑褐色,影响商品外观。耐寒性中等,可耐 -4.5℃的低温。

2. 奈伯尔(Nabal) 植株强壮,分枝均匀。B 型花,开花期为 4～5 月份。果实于花后 12 个月成熟。果实近圆形,单果重 340～510 克。果皮厚,暗绿色,光滑;果肉奶黄色,近皮处绿色,味道香美,品质极佳,含油量 18%～25%。有隔年结果现象。抗寒性和抗风能力较差,树干容易被折断。

3. 里德(Reed) 树形较直立。A 型花,开花期较晚,翌年 7～10 月份果实成熟。果实球形,单果重 220～510 克。果皮呈绿色,较粗糙,果肉风味好。耐寒性较差,温度降至 -1.1℃时即受害。

4. 奎因或称皇后(Queen) 树形开展。B 型花,在美国加利福尼亚州果实成熟期为 5～10 月。果实大,呈梨形,单果重约 700 克。果皮粗糙,有瘤状突起,未成熟时为暗绿色,成熟时为紫色。果肉黄色,无纤维,香味浓,品质佳,含油量 12%～15%。种子小。抗寒性较差,尤其是不耐霜冻,温度降至 -3.5℃以下即受害。

(三)西印度系

1. 波洛克(Pollock) B 型花,开花期 2～3 月份,果实成熟期 8 月份。果实倒卵形或长梨形,单果重约 1 000 克,最重可达 2 400 克,长 15～18 厘米,横径 10～12 厘米。果柄短,果皮薄、革质、淡黄绿色。果肉淡黄色,细腻,近果皮处黄绿色,香味浓,品质优良,含油量 3%～6%。种子重约 100 克,圆锥形,不易与种皮分离。抗寒能力差。

2. 特雷普(Trapp) 植株生长势较弱,为高产迟熟种。B 型花,果实成熟期 10 月份,但可留树保存到翌年 3 月份。果实扁圆形,上部较小,下部较宽,果较大,果柄短,单果重 450~700 克。果皮光滑,淡黄绿色,有许多形状不规则的斑点。果肉细腻,深奶酪黄色,近皮部处淡绿色,少纤维,香味中等,风味好,品质佳。种子宽扁圆锥形,重约 140 克。耐寒力及抗病力较差,容易遭受霜冻及病虫危害。

3. 沙怀尔(Sharwil) 果实球形,果皮绿色,种子小,果肉多,品质优良,是美国夏威夷州最受欢迎的一个品种。但对根腐病敏感,不耐寒,温度降至 0℃时即受害。

(四) 杂交种系

1. 富尔特(Fuerte) 是危地马拉系×墨西哥系的自然杂交种,1911 年在墨西哥城南部发现。树形开展,分枝角度大,树冠庞大。B 型花,开花期 2~3 月份,果实成熟期 10~11 月份。果实梨形,单果重 170~400 克。果皮深绿色,较粗糙,上有许多黄色小斑点。果肉奶黄色,近皮处绿色,质地细腻,香味较浓,含油量 18%~30%。种子心脏形,大小中等,与果肉紧密结合。有较强的耐寒力,可耐−4℃的低温。果实易感炭疽病,并有隔年结果的习性。

2. 路拉(Lula) 是危地马拉系×墨西哥系的杂交种。A 型花,2~4 月份开花,果实成熟期为 10 月份。丰产性能好。果实梨形,单果重 400~680 克。果皮绿色,果肉含油量 12%~16%。其缺点是容易感染疮痂病。

3. 韦尔丁(Waldin) 是危地马拉系×西印度系的杂交种。B 型花,开花期 3~4 月份,果实成熟期 10~12 月份。果实卵形,单果重 400~680 克。果皮绿色,含油量 6%~10%。产量中等,耐寒力较差。

4. 哈尔(Hall) 是危地马拉系×西印度系的杂交种。B 型花,开花期 3~4 月份,果实成熟期 11 月至翌年 2 月份。果实长梨形,单果重 570~850 克。果皮暗绿色,果肉含油量 12%~16%。

产量高,耐寒性中等。是适合于庭院种植的经济品种。

5. 博思 7(Booth 7) 是危地马拉系×西印度系的杂交种。B型花,开花期 3～4 月份,果实成熟期 10～12 月份。果实呈球形,单果重 280～560 克。果皮黄绿色,风味佳,果肉含油量 10%～14%。产量高,耐寒力中等。

6. 博思 8(Booth 8) 是危地马拉系×西印度系的杂交种。B型花,开花期 2～4 月份,果实成熟期 10～12 月份。果实卵形,单果重 400～570 克。果皮绿色,果肉含油量 6%～10%。产量高,耐寒力中等。

二、国内选育的油梨优良品种

我国 20 世纪 70 年代前引种试种的都是未经选择的实生树后代,变异性大,品质低劣,商品价值低。80 年代后广西职业技术学院、广西亚热带作物研究所、中国热带农业科学院和中国热带农业大学、海南省农垦定安热带作物研究所、福建省亚热带植物研究所等单位先后选育出部分优良株系,进行品种比较试验和推广试种。在国内自选油梨品种中,以广西职业技术学院选育出的桂垦大 2号、桂垦大 3 号及桂研 10 号三个品种的综合性状较好,这三个品种于 2001 年通过广西壮族自治区科技厅组织专家鉴定,并获得广西壮族自治区种子总站农作物品种登记认定。

(一) 桂垦大 2 号

选自广西职业技术学院 1979 年建立的危地马拉系实生油梨园。该品种较速生,主干粗壮,树叶茂盛,分枝均匀,树形美观。B型花,开花期 3 月上旬至 4 月中旬,花序较短,花量中等。成熟期9 月中旬至 10 月中旬。成熟时果皮黄绿色,外表美观。果实圆形至椭圆形,平均单果重约 420 克。果皮革质,表面较光滑、油绿色。果肉黄色、油润、细腻,无异味而有较浓的蛋黄香味。种子较大,扁圆形。可食率76.2%。新鲜果肉中含粗蛋白质1.66%,粗脂肪11.21%,总糖2.90%,适宜鲜食。

该品种嫁接苗一般在定植后2年开花,第三年可挂果。前期产量一般,逐年增长,成年后较丰产,7~10龄树一般株产可达50千克以上。广西职业技术学院1997年测定一株13龄树的产量,单株产量达到180千克。该品种果实抗炭疽病能力强,果实不容易感病,后熟后仍能保鲜相对较长时间。抗寒能力中等,可耐-2℃左右的低温霜冻。

(二) 桂垦大3号

选自广西职业技术学院1979年定植的危地马拉系行道油梨实生树。该品种速生,顶端优势较明显,主干型树冠,分枝角度大,树冠下部的枝条往往是水平方向伸展,甚至向下垂。叶片长椭圆形,较大型,树势生长较好,不易衰退。B型花,开花期3月中旬至5月初,花多而密。果较迟熟,成熟期在10月下旬至11月中旬。成熟时果皮仍为鲜绿色,外观好看。果实呈不对称椭圆形,背隆起,果实有较明显而平坦的棱角数条。平均单果重460克,最大达1 200克。果肉黄色、油润、细腻,有蛋黄味。种子较大,扁圆形,可食率为78%。新鲜果肉中含粗蛋白质1.06%,粗脂肪9.16%,总糖3.09%。抗寒力中等,可耐-2℃左右的低温霜冻。

该品种比较早产、丰产、稳产,嫁接苗定植后1~2年开花,第二年至第三年即可挂果。一般5龄树单株产量可达40千克以上。但该品种干性强,树冠直立而高,造成栽培管理不便,在生产中要注意控制树冠的高度,培养多主干、多分枝的树冠。另外,该品种果实生长后期容易感染炭疽病,影响果实商品价值;幼树枝条易被独角仙等虫咬食树皮,影响枝梢生长,要特别注意加强病虫害防治。

(三) 桂研 10 号

由广西橡胶研究所从危地马拉系实生树中初选、经广西职业技术学院复选而得的品种。该品种树型高大,分枝匀称,枝多叶茂,生长势好。A 型花,开花期 3～4 月份。早熟种,果实成熟期为8 月下旬至 9 月中旬。果实椭圆形,平均单果重 320～550 克,种子较小,可食率达 79%。果皮绿色,光滑,有黄白色小斑点,成熟后黄青色。果肉质地细腻,具香味,品质优良,含油量 10%～12%。丰产性能好,且较稳产,植后 3 年株产即可达 12～25 千克,8 年生树平均株产 60 千克以上。耐寒性及适应性良好,可耐－3℃的低温。该品种的主要缺点是果实成熟采收后不耐贮运,保鲜期短,后熟后需立即食用,否则很快腐烂变质。

第四章　油梨育苗技术

油梨苗木繁育是油梨生产的基础,苗木的优劣不仅直接影响定植的成活率、果园植株生长的整齐度、进入投产期的迟早,还影响到以后果园的管理、生产成本、果实的产量和品质等。因此,生产上要重视苗木的繁育工作,培育适应当地自然条件、无检疫对象、丰产、优质的油梨种苗。

一、苗圃地的选择与规划

(一) 苗圃地的选择

1. 地理位置　应选择在交通便利、水源充足的地块做苗圃。苗圃地与老果园之间应保持一定的距离,以防止病虫害的近距离传播。最好是选择以前没有种过油梨的地块,或者至少已经过3年以上轮作的地块做油梨育苗地。

以下地块不宜做油梨苗圃用地:处于大风口处、灰尘多的公路边,易受牲畜践踏、易受水淹的地段,冷空气容易积聚和容易受洪水冲刷的低洼地等。

2. 地势　应选择地势平缓、开阔、背风向阳、排灌条件好、地下水位低、冬季不易受寒潮袭击的缓坡地做油梨苗圃。

3. 土壤条件　油梨苗圃地以土层深厚、疏松肥沃、有机质丰富的沙质壤土为宜。排水不良的黏性土、有机质含量低的土壤不宜用做苗圃地。

(二) 苗圃地的规划

大型专业性油梨苗圃的规划一般包括母本园区(良种母本园、

砧木母本园）、实生苗繁殖区、嫁接苗培育区、道路及排灌系统和房舍建筑等。非专业性油梨苗圃一般面积较小，可以不分区，以畦为单位，培育不同品种的油梨苗木。

为了减少病虫害和恢复土壤肥力，育苗地不宜长期连作，应注意轮作，一般轮作期至少 3 年以上。

（三）苗圃地的准备

苗圃要精细整地。首先要提早犁翻晒白，清除杂草、石砾、碎砖等杂物，每公顷撒施腐熟的厩肥或堆肥 22 500～30 000 千克或优质复合肥 1 500～2 250 千克、过磷酸钙 300 千克，再犁翻耙平，务必使土块细碎，做成高出地面 25～30 厘米的高畦。有条件的在畦面施入适量的液体基肥（如腐熟的人、畜粪尿水或沤制发酵过的麸肥水等）。

地下害虫多的地块，每公顷可用 3％呋喃丹 30 千克拌 375 千克细土均匀撒入土中，再犁耙整地。根腐病严重的地区，土壤要进行消毒后再播种；用营养袋育苗的，营养土、肥料也要消毒后再装袋。消毒药剂可选用 70％敌克松可湿性粉剂 1 000 倍液或 25％甲霜灵可湿性粉剂 1 000 倍液或 40％三乙磷酸铝可湿性粉剂 1 000 倍液等进行淋洒。

二、育苗技术

油梨的育苗方法有实生繁殖、嫁接繁殖、扦插繁殖、组织培养繁殖等。目前，生产上多以嫁接繁殖为主。

（一）实生苗的培育

实生苗是指用种子播种培育的苗木。实生苗主根明显，根系发达、生长健壮，抗逆性强；具有明显的童期，进入结果期迟；存在较强的变异性和明显的分离现象，不能保持母本的优良性状。因此,实生苗不宜直接用于生产,主要用于油梨嫁接苗的砧木和杂交育种材料。

1. 种子的采集与处理

(1)种子的采集　在我国适宜作砧木的危地马拉系油梨品种多在 8～11 月份成熟,此时采种最为合适。选择没有病虫害、充分成熟的果实,直接用刀将果肉剖成两半,取出种子。如果需要利用果肉的,待果实后熟软化后再取种,取种后的果肉可以直接食用或作为加工的原料。

(2)种子的处理　从果实中取出种子后,去掉残肉,用清水洗净,剥去种皮。然后,用 0.1%～0.2% 的高锰酸钾溶液或 40%三乙磷酸铝可湿性粉剂 1 000 倍液浸泡 3～5 分钟消毒,捞出种子再用清水冲洗干净后阴干。种子越大,发芽率越高,幼苗生长势越旺,所以要选择颗粒大且饱满的种子为好。并按照种子大小进行分级,以方便播种后苗圃的管理。

油梨种子不耐贮藏,最好是随采随播。如果不能立即播种,切忌日晒,应置于冷凉干燥处,用湿润的细沙、锯木屑或苔藓埋藏。贮藏种子的细沙含水量以其最大持水量的 60%～70% 为宜,感官湿度应以手抓能成团而无水溢滴、松手稍抖动则散开为宜。含水量过多容易造成种子霉烂,含水量过少则会使种子发芽率降低。

(3)直接纵剖种子,增加育苗系数　在种子紧缺的情况下,为了增加苗木数量可采取种子纵剖法,即将种子剖成 2～4 块,每块必须带有一部分的胚,这样可使每块种子都能长出一株苗,从而增加繁殖系数。

纵剖种子的具体做法是:选择新鲜、粒大饱满(直径在 4.5 厘米以上)的种子,尖端向下倒放种子,用利刀对准胚芽中心一刀切下,将种子切成两半,再根据种子的大小确定是否再行切分,使每一块种子都要带有一部分的胚。用 0.1%～0.2%高锰酸钾溶液或 75%百菌清 600～800 倍等杀菌剂溶液浸泡消毒 3～5 分钟,取出用清水洗净后,在阴凉处晾干,再进行催芽。也可以先对种子进行催芽约2周,待种胚膨大后再进行纵剖,这时候胚芽较大,纵剖时容易确保每块种子均带有种胚。但这样做工作量较大,而且由于种子发芽迟早不一,不容易掌握最佳纵剖时间。

因种子纵剖后子叶分割成几块,幼芽萌发初期每株幼苗所得的营养大大减少,会使长出的幼苗较纤弱,必须加强幼苗期的抚育管理,才能成苗。纵剖种子法培育的苗木因幼茎较小,不适合做幼芽嫁接的砧木,只能做大苗嫁接的砧木用。

2. 催芽与播种　为确保出苗率高、出苗整齐,在播种前最好先进行催芽,根据种子萌动的先后分期分批播种。

(1)催芽　选择地势平坦、排水良好、阴凉的地块,将苗床整平,铺上3~5厘米厚的河沙,将处理好的种子尖端朝上摆在沙床上,每粒种子的间距约2厘米,用湿润的河沙覆盖种子2厘米厚左右,然后用干草等材料覆盖苗床。根据天气情况适时淋水,保持苗床湿润。经过20天左右,待胚根伸出种子,胚芽膨大,子叶开裂即可播种。最好是在胚根刚露出种子时播种,如果胚根过长,播种时容易造成断根,影响幼苗的生长速度。

(2)播种　如果用油梨实生苗做幼芽嫁接砧木,嫁接成活后立即移栽的,株行距以10厘米×20~25厘米为宜;如果要培育成大苗嫁接的,株行距则以20~30厘米×30~40厘米为宜。播种时,先在苗床上按照行距开深约10厘米的条沟,再按株距将种子摆放于沟底,尖端朝上,用沙质细泥土或火烧土覆盖于种子上,以覆盖种子约1厘米厚为宜,用稻草或其他秸秆、干草等材料覆盖床面以保湿,并淋足定根水。

油梨种子萌芽时所需的营养物质主要来自于种子的两片子叶,所以播种时应尽量保持完整的子叶,才能长出粗壮的幼苗。

新鲜的油梨种子发芽率很高,一般可达95％以上。经过催芽的油梨种子播后10~20天即可发芽,未经催芽的种子则需30~40天才发芽。

3. 播种后的管理

(1)覆盖　用稻草或其他秸秆做好苗床畦面覆盖,以防止土壤板结,保湿保温,有利于提高发芽率,缩短出苗期。当50%的幼苗出土时,要及时揭开覆盖物,以免晴天中午太阳暴晒时温度过高而造成幼苗被灼伤。

(2)淋水保湿　视天气干旱情况及时淋水,高温天气宜在早晚土温不是很高时淋水,经常保持苗圃土壤湿润。如遇大雨则要及时做好排水工作,雨后如不能及时排除积水极易引起幼苗根系腐烂,造成幼苗生长不良,甚至死苗。

(3)疏芽定苗　大多数油梨种子具有多胚现象,一粒种子可以长出多个幼芽。萌芽后,选留一个生长健壮、直生的幼芽,把其他弱芽、斜生或弯曲的芽全部除掉,以减少不必要的养分消耗,使留下的幼芽生长更加粗壮、迅速。

(4)追肥　当幼苗长出3~4张叶片并转绿时,即可进行追肥。油梨幼苗根系及茎叶均极易被化肥灼伤,所以施肥时以腐熟厩肥做水施为好,要少量多次,以免烧根。每月施1~2次浓度为0.1%的腐熟人粪尿或0.2%左右的尿素或复合肥。若施干肥最好选择在雨后阴天进行,施肥时不要施到叶片及茎基部,而后用耙把肥料翻入土中,必要时施后再淋水,以促进肥料溶解。

(5)中耕除草　幼苗出齐后,注意及时松土除草,做到圃地疏松无杂草,以利于幼苗生长。苗圃周围及畦间的杂草太多时,可以通过喷洒除草剂来除草,注意除草剂不要喷到幼苗的茎叶上,以免影响幼苗的生长。

(6)防治病虫害　油梨幼苗期最常见的病害是猝倒病,特别是雨水过多致使苗圃地板结或渍水,油梨根系生长不良时最容易感病。防治方法是:及时排水和除去病株,并用杀菌剂(如80%代森锰锌800倍液或70%甲基托布津1 000~1 500倍液或50%多菌灵800倍液或75%百菌清800倍液等)喷洒或淋根。

油梨幼苗期常见的主要害虫是咬食根系和幼茎的地老虎和食

叶虫类。防治方法是：对地老虎为害严重的苗圃，可用嫩草、鲜菜叶切碎拌以 10∶1 的敌百虫撒在苗木附近诱杀，或于早晨 8 时前在被害苗附近的土层中人工捕捉害虫；发现有毒蛾幼虫、尺蠖幼虫等食叶虫类，可用杀虫剂（如 80% 敌敌畏或 90% 敌百虫 800 倍液或 4.5% 高效氯氰菊酯 2 000 倍液等）喷杀。

（二）嫁接苗的培育

嫁接是指把一植株的枝或芽接到另一植株上，使其愈合长成新植株的过程。形成的新植株称为嫁接苗，用来嫁接的枝或芽称接穗，承受接穗的部分称为砧木。

嫁接苗的特点：能保持母本树的优良特性；繁殖系数高；能利用砧木的抗性，扩大栽植区域；能提早结果，一般 2～3 年可开花结果。嫁接是目前我国油梨生产主要的苗木繁殖方法。

1. 嫁接愈合的过程　嫁接过程中，砧木和接穗两者的形成层和薄壁细胞在削伤的刺激下，各自形成愈伤组织。二者的愈伤组织相接并通过胞间连丝进行物质交换，分化形成输导组织，将砧木和接穗连接起来，并进一步分化，向内形成新的木质部，向外形成新的韧皮部，使砧木和接穗原来的输导组织相连通，恢复水分和养分正常的上下输送，愈合发育成一个新植株。因此，嫁接时砧木和接穗切伤口的形成层对准紧贴是嫁接口愈合良好的重要因素。

油梨苗嫁接成活与否受砧木和接穗的亲和力、砧木和接穗的质量、环境条件和操作技术等因素的影响。

2. 砧木品种的选择　砧木品种的种类关系到嫁接成活率高低、嫁接苗的生长势、抗性、产量、果实品质及油梨树的寿命长短等。应选择适应当地环境气候条件、耐旱、抗病性强、与接穗亲和力强的品种做砧木。

不同种系油梨的耐寒性、耐盐性、抗病性、产量、品质有很大不同。墨西哥系油梨耐寒性强，抗病性也较强，种子大小均匀，容易培育出生长整齐的苗木。根腐病发生严重、纬度偏北的地区用墨西哥系品种做砧木较好,但该种系的种子往往较小,刚出芽幼苗较细小,不适合做幼芽嫁接的砧木,可用于大苗嫁接的砧木。西印度系油梨实生苗一般生长势较旺盛,耐盐性强,适于低海拔沿海地区做砧木,但耐寒能力较差,与有些品种的亲和力差。危地马拉系油梨种子较肥大,幼苗出芽粗壮,适宜做幼芽嫁接的砧木。同时,该种系抗低温能力较强,在我国种子来源广,因此,目前我国大多采用危地马拉系油梨做砧木。

为控制油梨的主要病害——根腐病的发生和传播,国外已选育出具有较强的抗根腐病能力的砧木,如托马斯(Thomas)、杜克7(Duke 7)和 G_{755} 等品种,并已在生产中应用。这方面的研究工作我国也正在进行中,目前尚未筛选出适合我国油梨生产的抗病砧木品种。

3. 接穗选择及处理 油梨嫁接用的接穗要从优良品种的健壮母树上选取。优良接穗应采自粗 0.6～0.8 厘米、长 25 厘米以上的 1 年生枝条,优质的接穗应该是组织充实但尚未老化、弯曲时不致折断、芽眼饱满的枝条。若选用侧芽已大部分脱落的老枝条做接穗,即使嫁接愈合也不会发新梢。在嫁接前 3～6 周环割枝条,剪取接穗前 10 天去掉叶片,待芽点处于萌动活跃状态时剪下做接穗效果更好。

在一条枝条中,以中段的芽为最好,顶部的芽往往比较嫩,养分积累少,而下部的芽常小而弱,嫁接成活后生长缓慢。接穗以即采即嫁接为好,若要远途运输或需暂时存放,应贮藏于湿润的水苔、锯末或河沙中,置于阴凉处。

4. 嫁接方法 油梨苗嫁接的方法很多,有幼芽嫁接、切接、合接、劈接、芽片接、腹接等。根据广西职业技术学院油梨科研组多年的实践,认为幼芽嫁接法是目前油梨育苗最实用的嫁接方法。以下重点介绍此方法。

(1)幼芽嫁接 幼芽嫁接是指在砧木幼茎尚未木质化、叶片转绿前即进行嫁接的一种嫁接方法。也有人称之为嫩枝接法或籽苗嫁接法。其嫁接技术如下。

①切砧木　砧木幼芽长出地面 5～15 厘米时,在幼茎离地面 3～5 厘米处切断,从中间垂直纵切一刀,深 1.5～2 厘米。

②削接穗　取生长稳定、老熟充实的当年生枝条做接穗。接穗下端斜切成楔形斜面,削面长 1.5～2 厘米,削面平滑,保留 2～3 个有效芽,把上端切断。

③插入接穗　将削好的接穗插入砧木切口,并确保两者至少有一边以上的形成层对准。

④绑缚　利用薄型的条形塑料薄膜(厚度约 0.01 厘米,宽约 2.5 厘米,长约 30 厘米)自下而上呈覆瓦状地将嫁接口和接穗全部包裹,注意嫁接口处要绑牢。接穗芽眼处只包一层薄膜,以利于芽眼萌发破膜而出。

如果温度适宜,嫁接后 25～30 天接穗即可抽芽。待幼芽长至 5 厘米以上,叶片尚未展开时即可移入营养袋中。移栽时注意不要弄断根系,由于此时种子的营养物质还比较丰富,移植的成活率很高,甚至在移植过程中接穗抽出的幼芽生长也不会停滞。此后加强肥水管理,一般从接穗抽芽到第一次梢稳定需要 30～40 天,此时苗高已达到 30 厘米左右,叶片老熟后即可出圃。

提高油梨幼芽嫁接成活率的技术要点如下:①要在砧木幼嫩时进行嫁接,以抽芽后至未展叶前嫁接最好,如果幼苗叶片转绿后再嫁接,嫁接成活率会下降。②选择生长稳定、老熟充实的当年生枝条做接穗。一般在每年 2 月份春芽萌发之前采接穗较为合适。老熟、充实的枝条贮藏养分多,保水能力强,嫁接后愈伤组织形成快,成活率高;而幼嫩的枝条贮藏养少,组织不够充实,保水能力差,嫁接后愈伤组织形成慢,接穗往往在嫁接口愈合前就已失水死亡。另外,如果用嫩接穗接在嫩砧木上,插合和绑缚时接口容易打滑、相互摩擦,不易绑紧,也会影响到嫁接的成活率。③若有部分砧木未能及时嫁接,已抽出叶片稳定老化,嫁接时要提高嫁接部位,在接口以下保留 1～2 张叶片进行劈接,仍可获得较高的嫁接成活率。

与传统的嫁接方法相比,油梨幼芽嫁接育苗有如下优点:

第一,嫁接时间不受低温天气的影响,只要有适合的砧木和接穗,即使是在华南地区最冷的 1～2 月份嫁接,也可以获得较高的成活率。

第二,嫁接成活率高。根据广西职业技术学院油梨科研组多年的资料统计,嫁接成活率高达 96% 以上。而且第一次没有嫁接成活的苗木,发现后及时补接,也可获得较高的成活率。

第三,嫁接苗抽芽快,生长迅速。在适宜的温度条件下,接后 25～30 天即可抽芽,而且抽芽整齐、粗壮,生长迅速。一般从抽芽到第一次梢稳定仅需 30～40 天,此时苗高已达 30 厘米以上,即可作定植材料。若苗木到第二年才定植,苗高往往在 100 厘米以上。

第四,提早出圃,缩短苗圃管理周期。幼芽嫁接苗从播种到出圃仅需 5～6 个月,育苗周期比常规育苗方法缩短 1 年左右。例如,在广西南宁 10 月份播种,12 月份即可嫁接,翌年 3 月左右苗木就可以出圃,而且由于幼芽嫁接苗生长整齐一致,成苗率高,一次出圃后很少残留劣苗,从而提高了土地利用率,降低了育苗成本。

第五,嫁接苗定植成活率高,恢复生长快。油梨幼芽嫁接技术结合营养袋育苗,因苗木生长时间短,在主根尚未穿出营养袋时就已经起苗定植,定植过程中不损伤或很少损伤根系,所以,定植成活率高,苗木恢复生长快,而且一年四季均可定植。同时,由于苗木的嫁接位低,接穗一般带 2～3 个芽,因此,嫁接苗分枝早,幼树树冠生长均匀、端正,分枝部位低,对矮化及提早开花结果均有好处。

(2)其他嫁接方法 除幼芽嫁接外,其他嫁接方法的砧木苗需要培育成大苗方可进行嫁接。

①切接 切接是油梨最常用的大苗嫁接方法。其操作方便,容易掌握,嫁接后苗木生长迅速。嫁接时期以春季和秋季为最适

宜。一般要求砧木苗离地面 20 厘米处的茎粗在 0.8 厘米以上。嫁接时砧木上要保留少量的有效叶片,以有利于提高嫁接成活率。其嫁接步骤如下:①削砧木。离地约 20 厘米选一平直处切断砧木,用嫁接刀从切口下平直部位自上而下纵切一刀,深达木质部或带少量木质部,削面长 1.5～2 厘米,要求切面平滑。②削接穗。倒拿枝条,在芽下方约 2.5 厘米处用嫁接刀呈 45°角把枝条下端削去。反转一面,在芽下方约 0.5 厘米处下刀削一长削面,深达木质部或稍带木质部,削面长 1.5～2 厘米,要求切面平滑。保留 2～3个芽,在顶芽上方约 0.5 厘米处切断。③插合。把削好的接穗插入砧木开口中。接穗的长削面向着砧木的削面,对齐两者的形成层,如果砧木和接穗削面大小不一致,只需要对齐一侧的形成层即可,切不可置于削面中间、两侧都对不齐。④绑缚。用条状嫁接薄膜自下而上覆瓦状把嫁接口和接穗全部包扎,注意嫁接口处要绑牢,接穗芽眼处只包一层薄膜。

②合接　此嫁接法要求砧木和接穗大小基本一致为好。其嫁接步骤如下:①削砧木。离地面约 20 厘米处选一平直处切断砧木,用嫁接刀自下而上斜削一刀,削成贯穿砧木茎干的马耳形长斜面,削面长 2～3 厘米,要求削面平滑。②削接穗。倒拿枝条,在芽下方约 0.5 厘米处平直部位斜削一刀,削出与砧木切面一致的马耳形长斜面,削面长 2～3 厘米,要求削面平滑,保留 2～3 个芽,在顶芽上方约 0.5 厘米处切断。③插合。将接穗的斜切面与砧木的斜面相对接合,对齐两者的形成层,如果砧木和接穗削面大小不一致,则至少要对齐一侧的形成层。④绑缚。用条状嫁接薄膜自下而上呈覆瓦状地把嫁接口和接穗全部包扎,嫁接口处要绑牢,接穗芽眼处只包一层薄膜。

③劈接　其嫁接步骤如下:①削砧木。离地约 20 厘米选一平直处切断砧木,用嫁接刀从切口中心自下而上纵切一刀,深约 3 厘米,要求切面平滑,避免切口撕裂。②削接穗。倒拿枝条,在芽下方约 0.5 厘米平直部位把基部削成 1 个对称的楔形,削面长约 3

厘米,要求两侧削面要平滑。③插合。撬开砧木切口,将接穗楔形削面插入,两者形成层至少对齐一侧。④绑缚。用条状嫁接薄膜自下而上呈覆瓦状地把嫁接口和接穗全部包扎,嫁接口处要绑牢。由于油梨枝条质地疏松,往往髓部中空,所以用劈接法嫁接成活率比较低。

④芽片接 又称芽片腹接,有 T 形芽接、嵌合芽接、方块芽接等接法,其中以方块芽接较为常用。芽片接具有节省接穗、嫁接成活率高、不成活部分可及时补接等优点,但要求砧木较粗壮、皮层容易剥离时才能嫁接。嫁接后生长较慢,苗木需要较长时间才能出圃。有些油梨品种(如 Hass)老熟枝条上的芽点往往容易脱落,即使嫁接愈合也无法抽芽。所以,此嫁接方法生产上较少采用。

方块芽接法的操作步骤如下:①切砧木。在砧木离地约 20 厘米选一平直处,自上而下平行直划两刀,深达木质部,长约 2.5 厘米,宽度视砧木和接穗粗度而定,一般约为 0.6 厘米,在顶端横切一刀,深达木质部,把皮层剥开,切去 2/3 的皮层。②切芽片。选择生长充实饱满、圆形的枝条,在芽的上下左右各切一刀,深达木质部,取下比砧木开口略小的长方形芽片,芽点应在芽片中央。③贴合。将长方形芽片的芽点向上贴合在砧木开口内,下端插入留下的砧木皮层内,芽片两侧各留有 1 毫米左右的缝隙,切忌芽片大于砧木开口。④绑缚。用条状嫁接薄膜自下而上覆瓦状把嫁接部位全部包扎,并包至嫁接部位以上 1 厘米处,防止雨水渗入嫁接口,影响接口愈合。

(3)嫁接后的管理

①防蚁害 嫁接后常有蚂蚁咬食嫁接薄膜,导致接穗失水干枯死亡。在蚁害严重的苗圃,嫁接前最好能先施用灭蚁药消灭蚂蚁。如果嫁接前不能灭蚁,嫁接后应立即施药防治,可以撒施灭蚁灵粉剂或喷洒敌敌畏 800 倍液或敌杀死 2 000 倍液等杀虫药剂。

②做好淋水保湿和防涝工作 嫁接后,如遇干旱天气要及时淋水保湿,如果水分供应不足,接穗会因缺水而干枯,甚至一些已

经成活的苗木也会因缺水而产生"回枯"而死苗现象。另一方面，大雨过后要及时做好排水工作，避免苗圃积水。保持苗圃土壤湿润、通气。

③检查成活，及时补接 一般嫁接后 15～20 天就可以判断是否成活。如果接穗继续保持不变色，芽眼新鲜，表明嫁接已成活；反之，如果接穗变色干缩，说明接口没有愈合，应及时补接。

④适时剪砧 芽接可结合检查成活率在接后 15 天左右折砧，这样既可遮荫又能促进萌芽。在新梢长到约 10 厘米时剪砧，剪口在接穗上约 0.5 厘米处，切忌剪口过高或过低，更不能压伤或挤伤剪口附近的皮层，否则不利于新梢生长。

⑤除蘖芽、除丛苗 嫁接（或剪砧）后，砧木上常有蘖芽萌发或长出多胚丛苗，应及时抹除，以免与接芽争夺水分、养分，削弱接芽生长。

⑥及时解绑 嫁接成活后幼芽可自行顶破嫁接薄膜生长，待一次新梢老熟后，注意观察嫁接口的生长情况，绑缚的薄膜带影响到嫁接口茎部生长时，要及时解绑，以免出现薄膜带缢陷现象，影响苗木茎部的生长。解绑时，用嫁接刀尖竖向划破绑扎的塑料薄膜带即可。但要注意解绑不宜过早，以免尚未完全愈合的接芽在高温干旱或遇到寒害时受到损伤。

⑦施肥 在苗木接穗萌发第一次新梢老熟后即可开始施肥，要薄施勤施，一般 1 个月施肥 1～2 次。前期用腐熟人、畜粪尿（10∶1）或速效氮肥，后期增施磷、钾肥，促进苗木充实健壮。

⑧中耕除草与病虫害防治 苗圃地要注意及时松土除草，保持土壤疏松无草，以利于苗木生长。接穗萌芽后要及时喷杀虫剂和杀菌剂保护新梢（具体方法见本书实生苗圃病虫害防治部分）。

（三）扦插繁殖

扦插繁殖是指利用植物的器官（如枝条、根、叶等）进行扦插，使之产生不定根或不定芽，从而形成新植株的一种繁殖方法。扦插繁殖苗木的优点是:能保持母本的遗传性状,变异小,进入结果期早,操作方法简单。但扦插苗无主根,根系浅,抗性弱,适应性比实生苗和实生砧嫁接苗差。扦插苗可直接做种苗,也可以做嫁接的砧木。

油梨扦插繁殖可以解决种子不足的问题,可快速繁育抗病砧木。此繁殖方法在国外已在油梨育苗中广泛应用。据国外资料报道,扦插一般选油梨树上一年生或当年生未木栓化的绿枝,剪取约20厘米的枝段做插条,下部切成呈45°角的斜面,用25毫克/升吲哚丁酸溶液浸渍插条基部24小时,斜插于盖有荫棚的沙床,保持苗床湿润。有条件的最好在有自动湿度控制喷雾设备的苗床中进行扦插。在适宜的温度(20℃～30℃)和湿度(插床湿度为80%～95%)条件下,一般插后40～50天可开始生根,待根系生长稳定后移栽到苗圃或塑料营养袋中,长高到50厘米左右即可用做砧木或定植苗。扦插以绿枝扦插较容易成活,老枝则较难成活。由于油梨品种不同,扦插发根情况有差异:从成龄树上剪取的插条,Zntano等品种发根率高,常可达100%;而Fuerte种则生根不良,Hass种完全不能发根。但是,如果从不满1龄的实生苗上剪取枝条,不论哪个品种均可发根良好,这可能是由于种子含有生根所必需的某种物质所致。对油梨扦插不易发根的品种,可采用黄化枝条扦插,以提高发根率。

我国油梨扦插繁殖还在试验阶段,存在的主要问题是扦插后插条很难发根,发根率低,目前未能大量应用于生产。

(四) 组织培养

组织培养是指在无菌条件下将植物离体的器官、组织、细胞接种于培养基上,使其在适宜条件下长成植株的一种繁殖方法。组织培养生产的苗木具有生产周期短、繁殖系数高、能快速提供规格一致的优质脱病毒种苗的特点,是未来油梨工厂化育苗的发展方向。

国外已有利用油梨种子萌发的幼芽成功进行组织培养、增加砧木苗繁殖系数的报道。我国目前也正处于试验中,尚未在生产中应用。

三、苗木出圃

(一)苗木的质量

合格的油梨苗木要求品种纯正,无混杂现象;根系发达,侧须根多,分布均匀,茎根比小;枝干充实健壮,茎粗 0.8 厘米以上,苗高在 50 厘米以上,枝叶充分老熟,具有该品种应有的色泽,芽体饱满;嫁接苗的嫁接口愈合良好,表面光滑,无肿瘤;无病虫害和机械损伤。

(二)出圃前的准备

苗木出圃是育苗工作的最后一个环节,出圃苗木的质量关系到苗木定植后能否成活和正常生长。因此,苗木出圃前应将苗木品种、数量、质量进行统计,制定周密的出圃计划和操作流程。如果在旱季出圃,在起苗前 2 天左右对苗圃进行灌水,使苗圃土壤湿润,以免起苗时过多损伤根系。准备好起苗用具和包装材料,如起苗铲、包装袋、包装绳、塑料薄膜等。

(三)起　苗

经调查达到出圃要求的苗木即可起苗,起苗应在苗木生长缓慢期进行。一般以春季出圃为最好,如果在夏、秋季出圃则必须在每次新梢生长停止后并充分老熟时进行。如果是用营养袋等容器育苗,周年均可出圃。起苗时注意避开大风天气、干燥天气和降雨天气。

用营养袋培育的苗木出圃时先用起苗铲把营养袋边上的土壤挖开,再用铲子铲至营养袋底部把营养袋撬起,起苗过程中要保持营养袋中的泥土不松动。培育在苗圃地里的苗木最好带土起苗，以尽量减少根系损伤，提高定植成活率。如果苗圃地远离果园，苗木需要长途运输的，为节约运费和方便操作也可挖掘裸根苗，起苗时要使苗圃土壤湿润、疏松，以尽量减少根系（特别是侧须根）损伤。

（四）苗木分级、修剪和包装

合格的油梨苗应该是营养袋的土团或带土苗的土团不松动，裸根苗根系完好、健壮，嫁接口愈合良好，枝粗，节间短，芽眼饱满，枝叶颜色正常并表现出该品种应有的特征，末级梢枝叶完全老熟，无检疫病虫害。起苗时要根据苗木的质量分级摆放。不合格的苗木应留在苗圃内继续培育。

起苗后，应立即对苗木进行必要的修剪，以减少苗木水分损失，提高苗木出圃质量。用营养袋育苗或带土起苗损伤根系很少的苗木，只剪去长出营养袋或土团的根系，枝叶可不用修剪或只剪去幼嫩部分。用包装袋和包装绳将土团包扎绑紧，避免土团松散而影响苗木定植成活率；挖裸根苗的，要把过长的主根剪除（保留20厘米左右），尽量保留须根，并用新鲜黄泥浆（其中加有生根粉更佳）蘸根保水，剪去所有幼嫩枝叶和大部分的叶片，如在高温干旱天气起苗的，则把全部的叶片剪掉，并用薄型塑料薄膜条把茎干全部包扎，以减少水分损失。然后，根据苗木大小每20~50株扎成一捆，根部用塑料薄膜或稻草包扎并绑紧，以利于保水。在捆扎包上挂上标签，标明品种、苗木等级、株数、生产单位及地址等。

（五）苗木的假植

油梨苗木起苗后，如果不能立即定植或外运，应当进行假植，以保护苗木根系和枝叶。根据假植的时间长短分为长期假植和临时假植。临时假植要选用遮阳、避风、排水良好的地块，挖30~40厘米深的假植沟，把营养杯苗或带土苗摆在沟底，每株相隔5~10

厘米,株间用细土或湿沙填平;裸根苗则在沟内倾斜排放苗木2~3排,用湿沙或泥土埋住根部并压实,最后浇透水。长期假植,是指假植时间在一年以上。假植时株行距30~40厘米×40~50厘米,假植时苗木要摆正种植,假植期内要注意土肥水的管理。

(六) 苗木的运输

油梨苗木在运输过程中,要注意遮荫、保湿、降温,防止苗木发热引起落叶,避免日晒风吹雨淋,防止苗木干枯或烧苗。如果是远距离运输,应在车箱底部和四周铺一层隔温材料,一般以价廉质轻、坚韧、吸水保湿、不易发霉发热的就地采用的材料为佳。营养杯苗或带土苗堆叠不得超过2层,裸根苗捆与捆之间用潮湿的谷壳、锯末和苔藓等材料填充,最上面再覆盖草帘或薄膜,并用帆布罩住车箱,运输途中要给苗木根部适当浇水,保持根部湿润。

第五章　油梨园的建立

一、园地的选择与规划

油梨为多年生木本果树,经济寿命可达 50 年以上,建立油梨园可以说是一项"百年大计"的工程。因此,园地的选择和规划显得十分重要。

(一) 园地选择

油梨忌积水、台风影响及结构不良的土壤,园地的选择要特别注意以下几个方面。

1. 选择缓坡丘陵山地　以地势开阔、阳光充足、无严重冻害、排水良好、坡度在 20°以下、朝南的低丘陵山地为好。如果在平地建园,一定要做好园地排水系统的规划和建设。切忌在低洼积水地段种植油梨。

2. 土壤结构良好　以地下水位在 1.5 米以下,土层深 1.5 米以上,土质疏松肥沃,有机质含量丰富,排水良好的微酸性砂壤土为好。不宜在排水不良的高岭土、重黏土及风化不良、沙石比例过高的土壤种植。如果一定要在地下水位高或自然排水困难的地段种植,则要做高畦种植,避免根际渍水。

3. 避风　油梨植株生长迅速,枝干质地疏松,根系分布浅,遇强风容易造成枝干折断,甚至被连根拔起。油梨果实较大型,遇强风也容易造成采前落果,影响产量。因此,要求种植地区常风在 3 级以下、阵风在 8 级以下。不宜在经常受台风侵袭的地区种植油梨。

4. 充足的水源　油梨开花期及果实膨大期需要充足的水分,

春、秋季遇干旱时要有充足的水源及相应的灌溉条件。因此,选择园地时要考虑有自然河流、山塘、水库或挖井利用地下水进行灌溉。

5. 交通方便 园地有较好的交通条件,以利于生产资料和果品的运输。

(二) 园地规划

油梨园多建在缓坡山地,而缓坡山地有地下水位低、水分条件差、雨后径流对地面冲刷严重、土质较差等特点,因此,在方便今后果园管理的前提下,园地建设的工作重点是解决雨后径流所引起的水土流失,改良土壤,引根深扎。同时,为了提高工作效率,降低劳动强度,减少劳动力和生产成本,园地规划时应充分考虑机械化操作的可能性。

园地规划包括小区划分、道路规划、排灌系统规划、山地水土保持规划、防护林设置、辅助建筑物规划等内容。

1. 小区划分 小区(作业区)是果园的基本生产单位。划分小区有利于果园管理和有效落实生产措施。面积大的园地,可分若干大区,下设小区。划分小区时应遵循以下原则:一是同一小区内土壤条件、地势、气候、光照条件应基本一致,以便统一管理;二是划分好的小区应有利于防止果园水土流失,山地果园小区的长边与等高线方向一致;三是为便于防止风害,有条件的小区的长边应与主风向垂直,果树种植的行向又应与小区长边一致;四是有利于果园的运输及机械化管理。

(1)小区面积 一般平地或气候、土壤条件较为一致的园地,每个小区的面积可设计为3~5公顷;缓坡丘陵地2~4公顷;坡度相对较大、地形复杂、气候和土壤差异较大的山地,每一小区可缩小到1~2公顷。小区面积过大不便于管理,过小不利于实施机械化作业,还会增加非生产用地面积的比例。

(2)小区形状和位置 小区形状多采用长方形,长边与短边比例约为2～5：1。山地与丘陵果园的小区可采用带状长方形,小区的长边与等高线方向一致。由于等高线并非直线,常常随弯就弯,因此,小区的形状也不完全为长方形,两个长边也不完全平行。计划采用喷灌的果园小区,应考虑喷灌设置与小区大小的关系,小区的长边必须考虑喷水支管嘴水压的允许变动量。

大型油梨园进行园地规划时,各类用地比例可以参考以下比值:油梨树栽培面积90%(有强风袭击的地区用5%的面积营造防护林),道路占5%,生产用房、包装场、水池、粪池等约占5%。

2. 道路规划 大、中型油梨园的道路系统由主路、干路和支路组成。

(1)主路 主路与园外公路相通,贯穿全园的主要位置,以便于肥料和果品的运输。通常设置在栽植大区之间的主、副林带一侧。平地果园主路要直,山地果园可环山而上,呈"S"形或"之"字形。路面宽度以能并行两辆卡车为限,为6～8米。主路两边要开有排水沟。

(2)干路 干路常设置在大区之内、小区之间,与主路垂直,形成"井"字形路。路面宽度以能行走小型拖拉机等动力作业机械为度,为3～4米。山地果园的干路可沿坡修建。

(3)支路 小区内或环绕果园可根据需要设置支路,路面宽为1～3米,以人行为主或能通过大型喷雾机械。山地果园的支路可根据需要顺坡修筑,多修在分水线上,亦可在等高梯地行间的梯面修筑。

小型油梨园为减少非生产占地,可不设主路与支路,只设干路即可。平地或沙地果园为减少防护林对果树遮荫,可将道路设在防护林的内侧。主路和干路两侧应设置排水系统,修筑排水沟,并于果树行端保留8～10米机械车辆回转地带。

陡坡地油梨园依靠道路运输困难的,可利用空中索道或单轨运输车道承担生产资料及产品运输任务。

3. 排灌系统规划

(1)灌溉系统的规划　油梨在开花期和果实发育期需要充足的水分。因此，在建立新果园时要做好灌溉系统的规划和建设。灌溉系统包括水源、蓄水池和输水管道3个部分。水源可利用水库、河流或地下水。常用的灌溉方法有地面灌、喷灌和滴灌三大类。

①地面灌　地面灌是借助灌溉水的自然流动，通过地面灌溉渠道把灌溉水输送到果园内的一种灌溉方式。地面灌水系统由水源和各级灌溉渠道组成。水源选择主要有两种形式：一是修建小型水库蓄水，其位置应高于果园，对果园进行自流灌溉；二是从江河、水库等地引水，可通过扬水式取水或自流式取水两种方法保证果园对水的需要。

地面灌溉渠道包括干渠、支渠和毛渠（园内灌水沟）三级。干渠将水引至果园，支渠将干渠中的水引至果园小区内的毛渠，毛渠再将支渠中的水引至果树行间及株间。灌溉渠道的规划设计应考虑果园地形条件，并与水源、道路、防护林等具体情况相结合。在规划时应注意以下原则：①灌溉渠道位置要高，以便于控制最大的自流灌溉面积。丘陵与山地果园，干渠应设在分水岭地带。②与道路系统和果园小区相结合。毛渠（灌水沟）应同小区长边一致。③输水的干渠要短。这样可减少水分流失，也可减少修筑费用。④渠道应有适宜的纵向比降，以减少冲刷和淤泥沉积。一般干渠比降为 0.1%，支渠比降为 0.2% 为宜。⑤为减少干渠的渗漏损失，增强其牢固性，最好用混凝土或石材修筑渠道。

②喷灌　喷灌是借助机械动力，通过输水管道及喷头把灌溉水输送并喷洒到果园的一种灌水方式。果园喷灌的优点是：比地面灌溉可节约用水 20% 以上，基本不产生深层渗漏和地表径流；可保持原有土壤的疏松状态，减少了对土壤的破坏；可调节果园小气候，减免高低温、干风对果树造成的危害，甚至还可减少裂果现象；节省劳力，提高工作效率；便于田间机械作业，如施肥、喷药等

均可利用喷灌进行;对平整土地要求不高,各种地势、地形的果园均适用。喷灌的缺点是造成园内相对湿度大,可能加重某些真菌性病害的发生;在有较大风力的情况下,灌水不均匀。

喷灌系统一般包括水源、动力、水泵、输水管道及喷头等。

③滴灌 滴灌是以水滴或细小水流缓慢地施于果树根际的灌水方法。其优点是:①节约用水。滴灌仅湿润果树根系附近土层和表土,比喷灌节水 50%左右。②节约劳力。滴灌系统全部自动化,可将劳动力减少至最低限度。③能为果树创造最适宜的土壤水分、养分和通气条件,有利于果树生长发育。滴灌的缺点是:需要管材较多,投资较大;管道和滴头容易堵塞,对过滤设备要求严格;不能调节小气候;不适于冻结期使用。

滴灌系统主要组成部分有:水泵、化肥罐、过滤器、输水管(干管和支管)、灌水管(毛管)和滴水管(或滴头)等。

(2)排水系统的规划 油梨忌积水,如果地下水位过高或雨后排水不及时,极易引起根腐病的发生和蔓延,对果园造成毁灭性危害。因此,在新果园建设时一定要把排水系统作为最重要的园地基本建设项目,确保果园排水畅通。

具有以下情况之一的园地,必须做好排水系统建设:①平地或低洼地;②土壤透水性差的园地;③邻近江河湖海,地下水位高或雨季易遭淹涝的园地;④山地与丘陵地,雨季容易产生大量地表径流,需要建立排水系统。

排水系统主要是通过明沟或暗沟进行排水。明沟排水是在地面上挖掘明沟,排除地面径流的水。山地与丘陵果园多用明沟排水。平地果园的明沟排水系统由集水沟、排水支沟与排水干沟组成;暗沟排水是在地下设置管道或其他填充材料,形成地下排水系统,将地下水降低到要求的深度。低洼过湿地和季节性水涝地、地下水位较高地适宜用暗沟排水系统。

山地果园排水系统按自然水路网走势建立:①环山阻洪沟。位于果园上方,可阻拦和缓冲下大雨时果园上方山地聚集的大量雨水往下流的速度,阻止山洪冲入果园,减少冲刷。环山沟要与山塘及大型蓄水池、纵向排水沟相连接,可以蓄水或把多余的水排出园外。环山沟的大小深浅应视上方集水面积多少而定:一般沟深、宽各 0.6～1.0 米,比降 0.2%～0.3%,并筑成竹节状,每隔 8～10 米留 1 个土墩。②纵向排水沟。尽量利用天然低地作纵向排水沟,或建于小区道路两侧,与横向排水沟相连接。纵向排水沟一般深 0.2～0.3 米,宽 0.3～0.5 米。为减少冲刷,纵向排水沟要逐级跌落,且一定要把纵向排水沟修成竹节状并使沟底长草。③横向排水沟。主要是梯田内侧沟,在每一梯级内侧挖一横向沟,呈竹节状,作为排除梯级内多余积水和积蓄雨水,延长果园湿润时间,也可以用作灌溉用沟。一般沟深、宽各 0.2～0.3 米,每 8～10 米设低于沟面约 10 厘米的土坎,以减缓流水速度。

4. 山地果园水土保持规划 山地果园下大雨后容易产生径流冲刷,特别是经过耕作过的山地,表层土壤疏松,水土流失更为严重。因此,山地果园在建园时一定要做好水土保持规划和建设。山地果园水土保持的主要措施有建造梯田、鱼鳞坑和植被覆盖等。

(1)修筑梯田 梯田是将坡地改成台阶式平地,使种植面的坡度消失,有效地降低地表径流和流速,以起到保水、保土、保肥的作用。

梯田由梯面、梯壁、边埂和背沟构成(图 2)。修筑梯田应注意做到以下几点:①梯面有水平式和内斜式,在坡度较大的山地和暴雨多的地区宜修筑成内斜式,但梯面坡度不宜超过 5°。②梯壁的斜度取决于土壤质地,通常黏性土斜度可小,沙性土的宜大。一般以 65°～75°为宜。③梯壁的高度随坡度增大面增高,但高度不超过 2.5～3.5 米。④梯面宽度要根据坡度和栽植株行距而定,坡度小,梯面应宽些。一般在 10°～20°坡范围内,梯面宽 3～4 米。在梯面外侧设边埂,高 0.15～0.2 米,宽 0.2～0.3 米,防止流水冲崩梯壁。⑤通常梯田沿等高线开垦。

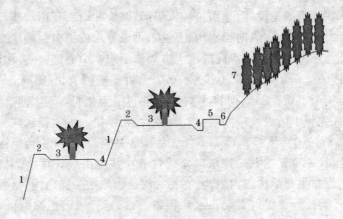

图2　山地梯田剖面示意

1. 梯壁　2. 边埂　3. 梯面　4. 背沟　5. 环山沟土埂
6. 环山阻水沟　7. 山顶水源林

　　坡度在4°以下的缓坡地,可不开梯田而沿山体等高种植。开垦时行距按等高线排列,行与行之间可种植短期作物或绿肥,用以增强水土保持效果(图3)。

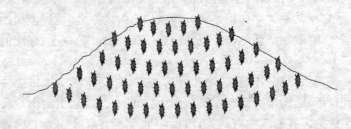

图3　等高线种植示意

　　(2)鱼鳞坑种植　坡度较陡、地形复杂、不易修梯田的山地,或因劳力缺乏、经济条件所限,一时来不及修梯田的山地,可先挖鱼鳞坑种植,等条件允许后再改修成梯田(图4)。

　　鱼鳞坑只是把种植坑周围建成一个圆形小台面,一般坑长

1.6米、宽1米、深0.8米,其他部位暂时不修筑。为了将来能把鱼鳞坑改造成等高梯田,应按等高线修建鱼鳞坑。坑的方向与山坡水流方向垂直,交错排列,坑与坑的距离根据株行距而定,一树一坑。以后,随着树的生长逐渐扩大坑的范围,或改筑成梯田。

图4 鱼鳞坑种植示意

(3)**植被覆盖** 植被覆盖是山地果园水土保持的生物措施。果园的植被应全面规划,合理布局。山地或深丘果园顶部配置森林,可防风和涵养水源,保证顶部土壤不受冲刷(图2)。梯田的梯面上果树株间应种间作物、绿肥或自然生草,切忌在集中降雨季节进行清耕、闲置。梯壁必须配置材料,修筑梯壁时,应用长有草根的土块作为护壁材料,最好让其自然长草,有必要时应植草或种植铺地木兰等护坡绿肥。在生产管理过程中采取促进生草的措施,草长高后只割不铲。可根据实际情况,因地制宜选用不同的植被覆盖。

(4)**防护林设置** 油梨植株生长迅速,枝干木质部疏松,树冠庞大,枝叶茂密,果实大型,根系分部较浅,造成其抗风能力较差,遇强风袭击容易造成植株倒伏、枝干折断、果实脱落,或者由于强风使树干摆动幅度过大,根系被拉松损伤,容易感染根腐病。因此,在有强风影响的地区建园时,有必要设置防护林。

防护林分为护坡林和防风林两种。护坡林一般种植在山地顶部或坡度过大不宜种植果树的山体，主要起涵养水分、减少土壤冲刷的作用（图2）。防风林主要起降低风速、提高空气相对湿度和调节温度的作用。我国华南大部分内陆地区受强风影响少，一般可不设置防风林。而在沿海地区经常受强风袭击的果园则需要设置防风林。

防风林一般包括主林带和副林带（小型果园可只设置环园林或在主路边栽植行道树）。原则上要求主林带与当地有害风向或常年大风风向垂直。若因地形、河流、沟谷等的影响，不能与主要风向垂直时，可以有20°～30°的偏角，超过此限则防风效果显著降低。副林带是主林带的辅助林带，并与主林带相垂直，其作用是辅助主林带阻挡由其他方向来袭的有害风，以加强主林带的作用。

一般主林带间的距离以300～400米为宜，大风地区可缩小到200～250米。副林带的距离一般以500～800米为宜，大风地区可减少到300米左右。

防护林要在种植油梨前1～2年营造，以尽快起到防护作用。同时，防护林的营造要与果园道路、排灌沟渠结合设计配置，在防护林内侧规划道路，在防护林边上开排洪沟渠，阻止林带的根系向果园内延伸，从而达到防止防护林对油梨树遮荫和向园内串根的目的。

5. 辅助建筑物规划 油梨经济寿命长，建园后经营时间较长，因此，新果园建设时需要合理规划和建筑必要的管理用房和生产用房等辅助建筑物。合理的辅助建筑物布局，将会给今后的生产和管理带来便利，提高管理和生产效率。例如，办公室、管理人员房舍、仓库、农具室等应设在园内中心位置的主道或干道旁，以方便生产资料和果实的运输；护果棚要分布在果园四周和通往果园外的路口处，才能起到守卫果园的作用；水池（配药池或沤粪池）则要均匀分布在果园内，以便生产管理中就近作业，提高工作效率。

二、品种选择和授粉树的配置

(一) 品种选择

选择适宜的品种是实现油梨高产、稳产、优质、高效的一项重要决策。

1. 选择适应当地气候条件的品种 我国海南省一般应选择西印度系或危地马拉系×西印度系的杂交品种等适应热带气候条件的种系，如 Pollock、博思 7、博思 8 等品种。内陆和高海拔地区，如广东、广西、福建的大部及云南、贵州、四川、浙江等部分地区，气候较冷凉，冬季有寒潮侵袭，偶尔还有霜冻的低温天气，以选择墨西哥系、危地马拉系或两者的杂交种为好，如选 Bacon、Duke、Fuerte、Hass 和我国自行选育的桂垦大 2 号、桂垦大 3 号、桂研 10 号等。

2. 根据种植的主要目的选择品种 如果以鲜食为主要目的，可选择味香色美、口感较好的 Pollock、桂垦大 2 号等品种；以提取油梨油为主要目的，则应选择含油量高的品种，如 Fuerte、Hass 等；以出口鲜果为主要目的，则以选择耐贮运并留树保鲜期长的 Hass 等品种为主。

3. 早、中、晚熟品种合理搭配，延长油梨鲜果的供应期 根据广西职业技术学院油梨科研组多年试种，在我国华南地区，采用桂研 10 号(8 月下旬至 9 月中旬果实成熟)、桂垦大 2 号(9 月下旬至10 月中旬果实成熟)、桂垦大 3 号(10 月下旬至 11 月中旬果实成熟)和 Hass(11 月下旬至翌年 2 月果实成熟)四个品种搭配种植，可使油梨鲜果供应期由 8 月下旬延续到翌年 2 月底，长达半年以上。

（二）授粉树的配置

油梨雌雄同花异熟，有 A 型和 B 型花品种之分，如果种植单一花型的品种则授粉受精不良，很难获得正常的经济产量。因此，油梨生产中要采用花期相同、不同花型的品种搭配种植，以利于相互授粉。品种搭配的方式可采用 A 型与 B 型、A 型与交叉型（可自花授粉）、B 型与交叉型和单一交叉型等。

1. 授粉品种的选择 优良的授粉树应具备如下条件：与主栽品种花期相遇，花量大，花粉发芽率高；与主栽品种同时进入结果期；与主栽品种互为授粉树，有较高的经济价值。

2. 授粉树配置的方式与比例 授粉树在果园中的配置方式可采用以下两种：①中心式，即以 1 株授粉树为中心，周围栽种 8 株主栽品种。此方式多用在授粉品种的经济价值不如主栽品种的配置，主栽品种与授粉品种的比例为 8∶1。②行列式，大中型果园中配置授粉树，应沿小区长边方向成行栽植，主栽品种与授粉品种的比例为 2～4∶1（图 5）。

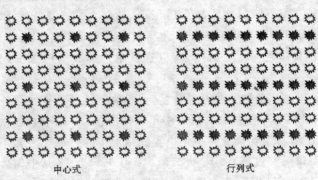

中心式　　　　　　　　　　　行列式

图 5　授粉树配置方式图示

✹为授粉品种　✿为主栽品种

授粉树配置的数量因授粉树的特性而异,当主栽品种和授粉品种经济价值相同时,可等量配置,否则就要差量配置。等量配置一般采用行列式种植,如主栽品种和授粉品种隔行种植、双行主栽品种和双行授粉品种交替种植、3 行主栽品种和 3 行授粉品种交替种植等方式;差量配置可采用中心式或行列式,行列式可每隔 2～8 行配置 1 行授粉树。

油梨开花期花粉的传播主要依靠蜜蜂等昆虫,在设置授粉树距离时要考虑蜜蜂等昆虫的活动规律,以提高授粉率。据观察,蜜蜂在一次采蜜活动中,活动范围一般在 50～60 米之内,因此,授粉树与主栽品种的距离以不超过 50 米为宜。

三、种植与种植后的管理

(一) 种植时期与方式

1. 种植时期 以营养袋培育的幼芽嫁接苗在我国南方地区一年四季均可种植,但以春植和秋植为好。

春植一般在春梢萌发前或春梢老熟后的 2～5 月份进行,此时气温回升,雨水充足,适合油梨生长,种植后苗木新根发生快,是种植油梨的最适宜时期。春季雨水多,空气湿度大,可节省种植后淋水的劳动力,特别适合于较干旱或水源缺乏的山地种植。

秋植一般在秋梢老熟后的 9～10 月份进行,此时天气由热转凉,但气温仍较高,适合油梨萌芽和生根,种植后可长一次新根和一次新梢,老熟后过冬,有利于翌年春季萌发新梢,苗林恢复生长快。但秋季空气湿度小,土壤干燥,应适当修剪种植苗木的枝叶、注意遮荫和淋水,使其尽快恢复生长,避免苗木因缺水出现"回水现象"而枯死。秋植宜早进行,种植过迟,因干旱低温,成活率下降。寒冷来得早的地区,秋植成活后,苗木尚弱,抗寒能力差,容易遭受冻害,不宜秋植。

2. 种植方式 油梨园的种植方式多采用长方形种植,这种方式的特点是行距大于株距,通风透气良好,便于机械化管理。也可采用正方形和三角形等种植方式,修筑梯田的山地果园则采用等高线种植(图6)。

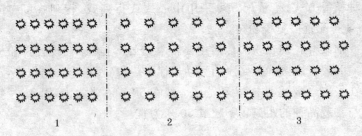

1   2   3

图6 种植方式图示
1. 长方形种植 2. 正方形种植 3. 三角形种植

3. 种植密度 油梨树为高大乔木,种植密度不宜过密。种植的株行距根据不同品种而异,一般采用5～6米×6～8米。为充分利用土地,增加初期的单位面积产量,提高前期的经济收益,可以采用计划密植,即前期株行距为4米×5米,待树体长大、株行间树冠交接后隔株间伐,保留5米×8米的株行距。国外对一些植株高大的品种,有采用8～10米×8～10米的株行距的,或前期采用5米×8米的种植密度,待封行后隔株间伐,保留8米×10米的株行距。

(二) 种植前的准备

1. 园地开垦 在定植前6个月左右即进行园地开垦,最好能全园翻地,全面清除园地中的树根、杂草、石块等杂物,使土壤翻晒风化。坡度超过10°的山地,种植前要先修筑梯田。在土壤肥力差的地区,开垦后最好先种植绿肥等先锋作物,待绿肥长大后就地翻埋,以改良土壤结构,提高土壤肥力。

2. 肥料准备 种植前要进行定植穴或全园的土壤改良,要提前准备好肥料。肥料种类包括绿肥、垃圾肥、土杂肥、麸肥、腐熟禽畜粪和磷肥等。每株约施各种有机肥 50~100 千克,磷肥 1~2 千克,石灰适量。肥料最好经过一段时间堆沤,待其充分发酵腐熟后再施用。

3. 苗木准备 自己培育或购入的苗木,在种植前均应进行品种核对、登记、挂牌,以免造成品种混杂或种植混乱。同时,对苗木进行质量检查和分级。合格的苗木按照大小、健壮程度进行分级,对不合格、质量差的弱苗、病苗、畸形苗等应严格剔除或淘汰,也可经过再培育达到合格苗标准后再种植。外地调入、经长途运输的裸根苗,如失水过多应立即解包,用清水浸泡根部,让根系充分吸水,再次浆根后种植。

4. 定点挖穴与改土

(1)**定点挖穴** 园地平整后,按照预定的种植密度测出种植点,按点挖穴。定植穴最好在定植前 3~6 个月挖掘,使底土充分风化。定植穴的长、宽、深为 1 米×1 米×1 米,土层较疏松的园地也可挖 1 米×1 米×0.8 米的定植穴。挖掘时将表土和心土分开堆放。

(2)**施基肥及回土** 油梨是一种速生高产的果树,需要较多的养分,特别是油梨树长大到一定树龄以后要尽量避免损伤根系,不宜再挖深沟施肥,以免感染根腐病。因此,施放优质、足量的有机质肥料做基肥,是油梨园获得速生、早结、丰产的基础。基肥的施用可结合种植前的植穴回土进行。

回土时先将表土和绿肥、杂草、垃圾肥等混合填在植穴底部,用以改良土壤结构。如果是红壤土要施适量石灰,以中和土壤的酸度,促进绿肥、杂草发酵腐熟。经堆沤腐熟的优质堆肥则与部分表土混合后施放在植穴的中上部,并在种植穴上方整成高出地面25 厘米的土盘。回土应在种植前 1 个月左右进行,以防备植穴土层回沉下陷。

（三）种植技术及栽后管理

1. 种植技术 种植时,根据苗木所带土团大小或裸根苗根系的长度,在已回土的植盘中心挖一个宽、深各 30 厘米左右的种植穴,将苗木放入种植穴中,校正种植位置,使株行之间整齐对正。以营养袋苗或带土苗定植的,小心除去营养袋或包装袋,土团不得松散,用细土回填,分层从四周向中心稍加压实,注意不要压散苗木所带的原土团。以裸根苗定植的,种植前用新鲜的黄泥浆(加有生根粉更佳)再浆根一次(特别是从外地运回的苗木),将苗木放入种植穴内,使根系自然展开,根系不能与肥料直接接触,用细土回填至将近一半时,将苗木轻轻上下提动并压实,使根系与土壤紧密接触。最后将心土填入坑内上层,并整成直径约 1 米、高出地面约 20～25 厘米的树盘,树盘四周略高。最后,淋足定根水。苗木种植深度以根颈部位与树盘面相平为宜。

2. 种植后的管理

(1)做好淋水保湿和排涝工作 种植后 1 个月内要保持苗木根际土壤湿润,发现土壤变干发白时要及时淋水。如遇晴朗高温天气,以上午 9 时前或下午 16 时以后淋水较好。如种植后遇降大雨天气,要注意排除积水,水分过多容易造成油梨幼苗烂根死苗。

(2)树盘覆盖 树盘用稻草、秸秆或塑料薄膜覆盖,以减少水分蒸发,保持树盘土壤湿润,减少淋水次数,避免土壤板结。但要注意稻草等覆盖物不要直接接触苗木的嫩茎,以免根颈或茎干在晴天高温时被灼伤。

(3)防倒伏、防晒 风大的果园或苗木带比较多叶片种植的,种植后应在苗木旁立支柱,用绳子把苗木枝干固定在支柱上,防止苗木倾斜和摆动。如遇晴天高温天气,种植后最好能采取遮荫措施,如搭建小荫棚架或在苗木的西南方向插上临时荫蔽物(如树枝等),可以起到降低温度、减少蒸发的作用,从而提高种植成活率。

(4)检查种植成活情况,及时补种 种植后 20～30 天,检查种植成活情况,发现死苗应立即补种,确保果园完整和果树生长整齐。

(5)幼树防寒　秋季种植的果园,如遇霜冻寒害天气,可采取霜前灌水、覆盖塑料薄膜或稻草、熏烟等措施,做好幼树防寒工作。

(6)其他管理　根据幼树生长情况进行施肥、整形修剪、病虫害防治等。

第六章　油梨园栽培管理技术

油梨在生长发育过程中,根系不断从土壤中吸收养分、水分以供应树体生长和结果的需要。在栽培管理过程中,必须创造有利于根系生长的土壤环境,不断提高土壤肥力,及时供应树体需要的养分、水分,达到早结、丰产、稳产、优质的目的。

一、幼龄油梨树的栽培管理

幼龄树是指从定植后到第一次结果并有经济产量的树。一般是指种植 3～4 年后的树。这个阶段油梨植株的生长特点是:营养生长旺盛,枝梢萌发次数多。肥水充足的幼龄树,每年可抽梢 4～5 次。幼龄树后期树体开始具有开花结果能力,但坐果率不高。幼龄树栽培管理的主要目标是:提高种植成活率,扩大根系生长范围,培养生长健壮、分布均匀的骨干枝,扩大树冠,增加绿叶层,为早结丰产奠定基础。油梨种植 3 年后,一般要求冠幅和树高达到 2 米以上。

(一) 土壤管理

我国油梨园多数建立在丘陵、山地上,大多数土层瘠薄,有机质含量少,团粒结构差,土壤肥力低。尽管在定植前进行过土壤改良,但远不能满足油梨生长结果和丰产稳产的要求。因此,种植后对果园土壤进一步改良仍是油梨园栽培管理的一项基础工作。通过土壤改良使油梨园土壤达到深、松、肥的管理目标:深,即要求土层深厚,一般应在 1.5 米以上;松,即土壤疏松透气,结构良好;肥,即土壤有机质丰富,含量达到 2%以上,土壤中氮、磷、钾、钙、镁等元素含量在中等水平以上。

1. 树盘精细管理　树盘是根系分布较集中的地域。油梨幼树根系少,生长势较弱,喜欢湿润、疏松、肥沃的土壤环境,因此,树盘需要进行精细管理。

(1)树盘覆盖　在原产地,油梨是在热带雨林条件下、在竞争阳光中生长的果树,高温高湿的环境使其快速生长,如果环境条件不能满足上述条件,则生长缓慢。国外油梨栽培多强调幼树期在植株附近生草或种绿肥,并在附近大量覆盖,通过覆盖增加表土有机质,形成与原产地相似的雨林根际环境,稳定根际生态条件,促进可抑制根腐病活动的微生物的繁殖。因此,从幼树期到树体本身能通过落叶形成覆盖层前,进行树盘覆盖对油梨幼树特别重要。树盘覆盖可减少土壤水分蒸发,稳定表土温度,减轻干热气候对油梨植株的损害;覆盖还可增加土壤有机质、改良土壤结构,防止坡地水土流失和表土板结,减少杂草。

树盘覆盖多采用稻草、秸秆等覆盖物,厚度一般在 10 厘米左右。也可以用地膜覆盖。

但是,多雨季节要注意防止因覆盖造成果园土壤湿度过大,影响根系正常生长。冬季有霜冻的地区,要注意干草等覆盖物上容易结霜,会使树盘周围局部地区温度偏低,此时如果干草等覆盖物与幼树茎干接触会引起茎干冻伤,因此,在霜冻到来之前,应该在覆盖物上盖一层细土,以避免幼树受冻。

(2)中耕除草　结合土壤施肥,每年中耕除草 3～5 次,保持树盘疏松无草,有利于根系生长。中耕深度以不伤根系为原则,一般近树干处要浅,深 5～10 厘米,向外逐渐加深至 15～20 厘米。

(3)树盘培土　在有土壤流失现象的油梨园,树盘培土可保持水土和避免积水。培土一般在秋末至冬初进行。缓坡地可隔 2～3 年培土 1 次,冲刷严重的则 1 年 1 次。培土不可过厚,一般为 5～10 厘米,根系外露时可培厚一些,但不要超过根颈部位。

2. 行间间作　新建的油梨园,树体小,株行间空地较多,进行合理间作,不仅可以增加收入,以短养长,还可以抑制杂草生长,改善果园群体环境,增强对不良环境的抵抗能力和提高土壤肥力,有利于油梨的生长。丘陵坡地油梨园间种作物,还能起到覆盖作用,改善果园环境,减轻水土流失。

间作物应达到以下要求:一是植株要矮小,不影响油梨树的光照;二是避免间作物与油梨树争夺养分、水分。例如,红薯、木薯、苎麻等作物不宜作间作物种植;三是最好同时具有改良土壤结构,增加土壤养分的作用,例如,豆科作物;四是与油梨没有共同的病虫害。

适宜间种的作物种类很多,可根据具体情况选择。可以间种经济作物,例如,花生、黄豆、绿豆、饭豆等豆科作物;也可种植蔬菜、绿肥、牧草等,如葱蒜类、叶菜类蔬菜和大叶猪屎豆、巴西苜蓿、铺地木兰、苕子、印度豇豆、藿香蓟等绿肥作物。间种作物收获后,秸秆可用于压青或果园覆盖。在绿肥生长至开花结实时进行压青,可以增加土壤有机质,改良土壤结构。

3. 扩穴改土 即在种植时改良种植穴土壤的基础上,通过深翻,结合深埋有机肥,逐年向外扩大改土范围,不断改良根际土壤结构,改善土壤中肥、水、气、热的状况,提高土壤肥力,促进根系生长良好。

油梨园在栽培管理过程中如果根系受损伤,容易感染根腐病,一般情况下油梨树进入结果期后,很少再挖深沟改土或施肥,因此,油梨幼树期的扩穴改土显得比其他果树更为重要。扩穴改土要求在定植后 3～4 年内完成,4 年以后因油梨根系伸展到株行间,不宜再深翻,以免伤根太多,引发根腐病。在定植后的第二年,自原种植穴外缘开始,每年向外扩穴,可挖掘环状沟或长方形沟,沟深 50～60 厘米,宽度视压青材料的多少而定,然后施入农家肥、土杂肥、绿肥、作物秸秆、杂树枝叶、磷肥和石灰等。如此逐年扩大,直至全园土壤改良完为止。

(二) 施　肥

油梨生长快、产量高,养分消耗大,因此,要不断追施肥料,才能满足树体的需要。

1. 油梨的矿质营养　油梨需要各种矿质营养,其中氮、磷、钾、钙、镁、硫等需要量较多,称为常量营养元素。硼、锌、钼、锰、铁、铜、硅等在树体中含量极微,称为微量元素。

各种矿质营养元素对油梨生长发育具有不同的作用,现分述如下。

(1)氮　是油梨生长发育所需最重要的元素之一,可以促进营养生长,延迟衰老,叶色浓绿,提高光合效能。氮的用量适当可增加营养积累,促进成花和结果。油梨缺氮时,新梢不能及时抽出或生长量少,叶小黄化,老叶容易脱落,根系少,生长差。长期缺氮,则树体衰弱,植株矮小,寿命缩短;如果施用氮量过多,容易造成营养生长过旺,枝叶徒长,不容易成花坐果,而且果实品质降低,植株的抗寒及抗病虫害能力减弱。

(2)磷　可以促进油梨根系生长、花芽分化和果实发育,提高果实品质,提高树体抗寒能力。油梨缺磷时,叶片颜色暗绿,严重时叶尖和边缘出现棕褐色,并向主脉扩展。

(3)钾　可以使油梨植株的机械组织发达,枝条硬,提高果实品质,增强抗旱、抗寒和抗病虫害能力,还可使果实皮层组织坚韧,减少裂果。钾在树体中有高度的移动性,常可从老叶和老熟组织向嫩芽、嫩叶和新的枝条转移。油梨缺钾时,叶片大小近正常,色稍淡,叶尖和叶缘褪色,枯焦,根系数量少。

(4)钙　是油梨细胞壁很重要的组成元素,适量的钙可以使果皮增厚,减少裂果。油梨缺钙时,叶片小,根系生长不良且数量少。

(5)镁　是叶绿素的重要组成元素,适量的镁可以提高光合效能,促进果实增大,提高品质。油梨缺镁时,叶片小,叶色变淡,根系生长量少。

（6）锌　锌对油梨植株的碳水化合物代谢、蛋白质代谢、植物生长素代谢及细胞膜的功能和结构有很大影响，缺锌使某些组织中酶活性降低，从而导致光合作用、糖的合成、生长素水平降低，生物膜的渗透性增加，植物抗病能力减弱。油梨缺锌时，叶片出现斑驳形斑块，从叶尖边缘开始向中脉和基部发展，叶脉之间呈现浅绿色或浅黄色，缺锌植株的幼果容易脱落。

2. 肥料的种类　常用的肥料有有机肥、单元素肥料和复合肥等。有机肥是指动植物残体或其副产品，如植物茎秆、禽畜粪肥等。有机肥富含各种矿质营养元素，肥效迟缓，有机质含量高，施入有机肥有利于改善土壤的理化性质。一般情况下，动植物残体和禽畜粪尿等要经过一段时间的堆沤、发酵腐熟后再施用才能收到良好的效果。重视施用有机肥的油梨园，枝梢生长健壮，丰产稳产，果实品质优良。

单元素肥料指只含氮、磷、钾三要素中的一种元素的肥料。如尿素中只含氮，过磷酸钙只含磷，硫酸钾只含钾等。在生产中各种单元素肥料要配合施用，如偏施某一种单元素肥料，往往不能满足油梨正常生长发育所需的营养元素，导致生长和开花结果不良。

复合肥是指含氮、磷、钾三要素中两种或两种以上营养元素的肥料。通常是高成分的肥料，如芭田复合肥、绿兴复合肥等。施用复合肥比偏施单元素肥料效果好。不同种类复合肥所含的营养元素也不同，施用时可根据需要用单元素肥料来补充平衡。

油梨结果树施肥的比例根据土壤性质、肥力不同而异，油梨的不同生长时期对各种营养物质的需求也不一样。在我国华南地区多数红壤油梨园中，春夏季施氮：磷：钾配比为 1：1：1.5，秋冬季以 1：2：2.5 为宜。在肥料种类上，应以有机肥为基础，配以复合肥料或单元素肥料。

油梨忌氯，应尽量避免施含氯肥料。

3. 幼树施肥

（1）施肥时期　油梨种植后 2 个月内一般不用施肥，此时幼苗根系尚未恢复生长,如果施肥容易引起烧根,这一时期主要以淋水保苗为主。待幼树根系恢复生长,抽出第一蓬叶稳定老熟以后才开始施肥。由于油梨幼树根系少而弱,吸收能力差,因此施肥应以勤施薄施为原则。要做到"一梢两肥",即在枝梢顶芽萌动时施第一次肥,施入以氮为主的速效肥,促使新梢迅速萌发和展叶;当新梢伸长基本停止、叶色转绿时,施第二次肥,促使枝梢迅速转绿,提高光合效能,由营养生长的消耗尽快转为营养物质的积累,增加树体的营养积累,加速树冠扩大。

2. **施肥量及施肥方法** 施肥量根据肥料的种类、土壤性质、树冠大小而定。一般化肥宜少施,宜多施腐熟有机肥、土杂肥;较肥沃的冲积土宜少施,沙质土及瘦瘠山地宜多施。幼树每一次的施肥量原则上宁少毋多,以免造成肥害。肥料以腐熟的人、畜粪尿或沤制腐熟的麸水肥为最好,化肥以优质复合肥和尿素为主。施肥方法以水施为主,雨季也可以在树冠外围开 10~15 厘米的浅沟干施化肥或下雨时撒施化肥。

幼龄树种植当年和第二年,以水肥为主,勤施薄施,做到"一梢两肥":种植当年,于新梢萌发前,每株施腐熟麸肥 20~30 克加尿素 20~30 克,对水 5~8 升,充分溶化后淋施于树盘。新梢转绿时,每株用腐熟麸肥 20~30 克加复合肥 20~30 克,对水 5~8 升淋施壮梢。也可用 30%~50% 腐熟的人、畜粪尿水肥代替麸肥。前期浓度宜稀,以后逐渐加浓。越冬前的最后一次肥料约在 11 月份施用,在上述肥料的基础上,每株增施钾肥 30~40 克,以促进枝梢充实,提高植株抗寒能力。因油梨忌氯,钾肥最好选用硫酸钾,尽量少用氯化钾。促使当年种植的幼树抽梢 3~4 次。

种植第二年开始,油梨植株生长明显加快,施肥量要相应增加。于春梢萌发前增施一次基肥,每株施用腐熟鸡粪或猪粪 5 千克,复合肥 0.2 千克,钙镁磷肥 0.5 千克,硫酸钾 0.1~0.2 千克,在树冠滴水线开浅沟施下。全年各次水肥施用量比第一年增加 1 倍,并保证每次抽梢施 2 次肥,使植株年内抽梢达到 5 次。

种植后第三年,有部分植株开始开花结果,营养消耗大,需肥量也增多。在施肥上应减少氮肥施用量,增加钾肥的施用量,后期注意控制水肥,促使树势壮而不旺,积累足够的营养物质,以利于花芽分化。在施肥上要注意以下三点:①重施萌芽肥。于2月份,每株施尿素0.25千克,腐熟麸肥0.3千克,挖环沟淋施。并分别在春梢转绿和夏梢萌发前另加复合肥0.25千克,硫酸钾0.3千克。②控制水肥。8月份以后,对壮旺的树一般不追施氮肥,以控制枝梢生长,使秋梢壮而不旺。11月份以后控制水肥施用,使土壤适当干旱,增加树体细胞液浓度,使其顺利进入生殖生长。③巧施钾肥。9～10月份每株施用钾肥0.25千克。在末次秋梢转绿时,结合抗旱,每株施钾肥或复合肥0.25千克以壮梢,促进秋梢充实。

油梨根系极易被化肥灼伤,在施肥时务必注意肥料不宜太过集中。沟施时,肥料与表土拌匀后再盖土;雨季撒施时,不能将肥料直接撒到根颈处,以免灼伤根颈导致死苗。

（三）浇水及排涝

油梨幼龄树根系少且分布浅,受表土水分变化的影响大,干旱季节树体水分的供求容易表现入不敷出,影响枝梢的萌发和生长,严重时甚至导致死苗。特别是用裸根苗种植的苗木,种植后已抽发一次新梢,干旱严重时,如果淋水跟不上,常发生"回枯"死苗现象。幼树期的浇水一般结合施用水肥进行,每次新梢萌发和新梢生长期浇施水肥1～2次。

油梨根系忌渍水,如果土壤积水,油梨根系生长缓慢,吸收能力下降,容易感染根腐病,严重的会引起根系腐烂直至死株。因此,雨季要防止果园或植穴四周积水,及时开沟排水,使根际土壤透气良好,保证根系的正常生长。

（四）整形修剪

油梨的经济寿命长,良好的树冠结构是油梨丰产、稳产、优质的基础。油梨的树形因品种而异,理想的树形应是树冠较矮化、枝条开张、紧凑、分布均匀的阔圆锥形、圆头形和半圆头形。树冠整形要从定植当年开始,当幼树长至 80～100 厘米高时进行短截,在中心干 50～60 厘米处留 3～4 条生长强壮的新梢培养成主枝,其余枝梢可作为临时辅养枝暂时保留,待其影响到主枝的生长时再剪除。主枝老熟后,留长 30～40 厘米的枝进行短截,以促进分枝。抽芽后每条主枝保留 2～3 个健壮的新梢作为副主枝,其余枝梢作为辅养枝。如此重复整形,2 年内培养成具有 3～4 条主枝、各级骨干枝分布均匀的树冠骨架。

油梨幼树的修剪原则是宜轻不宜重,主要修剪交叉枝、过密枝和扰乱树形的枝条。在整形修剪过程中,只要不扰乱骨干枝的生长次序,不是过于密集的枝梢,应尽量保留作为辅养枝,以增大植株的光合面积,促进根系快速生长,迅速扩大树冠。待辅养枝过于荫蔽或影响到骨干枝的生长时再进行疏剪。同时,要注意控制植株的垂直高度,促进树冠的横向发展。

(五)防虫保梢

为害油梨幼树的主要害虫有毒蛾幼虫、尺蠖幼虫、刺蛾幼虫、蓑蛾幼虫、金龟子等。这些害虫有暴食的特点,为害严重时,可以把嫩叶的叶肉全部啃食,大大减少绿叶面积,减缓树冠的扩大。因此,在每次新梢萌发生长期,必须密切注意害虫的发生动态,发现虫害及时喷药防治(具体防治方法见本章第三部分“油梨病虫害防治技术”)。有些品种,如桂垦大 3 号常有“独角仙”啃食枝梢树皮,造成枝梢输导组织受阻,影响植株的正常生长,可在发生初期进行人工扑杀。

(六)防御台风

邻近沿海地区的油梨园,在夏、秋季台风登陆时,常带来大风和暴雨天气,对油梨的生产影响较大,因此,要切实做好防御台风工作。在台风来临前,可在幼树旁立支柱,用绳子将幼树和支柱绑扎在一起,以减轻植株摆动,避免倒伏。台风过后,及时做好补救措施:一是尽快排除果园积水,防止因根际渍水导致植株死亡;二是护苗培土,对倾斜倒伏的植株,要趁土壤松软湿润,将其扶正,并培土固定。对于根系较庞大、倾斜度大的植株,不要急于扶正,以免根系损伤过多,导致死株,应就植株现状,稍微扶正,顺势就地培土固定;三是适当修剪,对根系损伤严重的植株,要适当修剪去部分枝叶,减少蒸腾,避免因失水过多而导致死株;四是防治根腐病,台风过后,在根际淋灌 70％敌克松可湿性粉剂 1 000 倍液、25％甲霜灵可湿性粉剂 1 000 倍液或 40％三乙磷酸铝可湿性粉剂 1 000 倍液等杀菌药液 1～2 次,以免因根系损伤和渍水感染根腐病。

二、油梨结果树的栽培管理

结果树是指种植后第一次开花结果并具有经济产量开始,到树体衰老丧失经济产量的时期。

油梨是经济寿命较长的果树,在较好的管理条件下,经济寿命可达 50 年以上。根据油梨生命周期变化的生长发育规律,进入结果期后,可以划分为 3 个生长发育阶段:生长结果期(青年结果树)、结果生长期(成年结果树)和更新结果期(老年结果树)。不同的发育阶段具有不同的生长、开花、结果特性,生产中要采取不同的管理措施,确保既有利于枝梢生长,又有利于开花结果,使营养生长和生殖生长达到良性循环。

种植后第一次结果至 10 年生的树为青年结果树。在此时期,树体承担生长和结果双重任务。树冠和根系继续扩大,树冠下部、内部枝条开始局部结果,但营养生长仍占主导地位,因枝梢生长消耗养分多,同化物质贮存少,开花量少,产量不高。栽培管理上要求协调好营养生长和生殖生长的关系,既要保证树冠发育正常又要有一定的经济产量。在开花结果的同时,由于伴随着过旺的枝叶生长,往往造成严重的落花落果。因此,在栽培技术上,要采取合理施肥、药物控制等措施,适当抑制营养生长,促进生殖生长,才能取得早结丰产的效果。

种植后 11～30 年的树为成年结果树。这一时期,树冠扩大速度减慢,营养生长减弱,结果多,生殖生长占优势,是油梨开花结果最旺盛的时期。管理上在保证丰产的基础上,要求保持一定的树体营养生长水平,以达到丰产稳产、延长经济寿命的目的。在栽培管理上要合理施肥,培养健壮的结果枝,增加树体营养积累,使植株的生殖生长与营养生长形成良性循环。在这一时期的中后期,往往由于经过多年开花结果,消耗树体积累的有机营养多,供给根系的养分逐渐减少,根群生长吸收减弱,当年采果后较难及时恢复树势,新的结果枝营养积累不足,影响到翌年的花芽分化,从而导致翌年少有或没有花果(即大小年结果)。此时要注意控制植株的结果量,适当促进营养生长,以达到连年丰产的效果。

种植后 31 年以上的树可称为老年结果树。这些树经过几十年的生长和结果,树体高大,根叶距离大,长途运输养分消耗多,养分运转缓慢,根系吸收能力减退,营养生长减弱,枯枝增多,结果量逐年减少。有些 20～30 年生的成年树,如果长期处于失管状态,也会出现未老先衰现象。管理上要求加强肥水管理,增施有机肥,注重改土或换土,或进行树冠更新复壮,以尽量延长树体的结果年限。

(一) 土壤管理

1. 果园除草　油梨进入结果期后,形成了茂密的树冠。一般树盘内因荫蔽很少长草,只是在枝叶还未遮蔽到的株行间长有杂草。适量的杂草可起到保护土壤,防止水土流失,改良果园小气候的作用。而生长过高的杂草则会与油梨争夺养分和水分,还可能成为某些病虫害的栖身之地,应及时除去。

油梨园除草不提倡铲草或松土除草,以免损伤表层根系,感染根腐病。可采用人工割草和喷洒除草剂的方法。每年从春季到秋季视杂草生长情况,在杂草开花结籽前,用镰刀割除杂草2～3次,割下的杂草覆盖于树盘下,起到保水恒温作用,腐烂后还可增加表土的有机质。为节省劳动力,对园边、道路旁和行间的杂草也可采取喷洒除草剂的方法,于春季和秋季杂草结籽前各使用一次。常用的除草剂有草甘膦和百草枯。草甘膦是内吸传导型广谱灭杀性除草剂,可通过茎叶传导到根系,对多年生深根性杂草的根系组织破坏力很强,杂草在喷洒草甘膦后,先是地上茎叶逐渐枯黄,根系腐烂,最终整株枯死。使用浓度以80～100倍液较适宜,加入适量洗衣粉除草效果更佳。在使用过程中,要根据杂草的种类和生长情况,严格按照要求的浓度使用才能起到良好的除草效果。如果浓度过低,不能杀死杂草,起不到除草作用;浓度过高,喷洒后杂草地上部分很快干枯,药物未能传导到根部,除草效果也不好。如喷洒草甘膦后6小时内遇降雨,应进行补喷。百草枯是无选择性除草剂,有触杀和一定的内吸作用,可被茎叶吸收,速效,喷药半小时后下雨不影响杀灭效果,适合在雨季使用。一般喷洒除草剂应选择在无雨、无风的天气进行,药液不得接触油梨枝叶,以免发生药害。接触到除草剂的油梨树,轻则枝叶生长畸形,重则干枯死亡。

2. 果园覆盖 油梨枝叶茂盛,每年春季换叶量大,在树冠下形成一层厚厚的天然覆盖物,有良好的保水保肥作用。有条件的可以在树冠滴水线以内加盖厚度为10厘米左右的干草、剑麻渣、花生壳或木屑等覆盖物效果更好。而在裸露的行间可以让其自然长草或种植巴西苜蓿、铺地木兰、日本草等多年生绿肥做活覆盖作物,每年待其长到一定高度后用镰刀割除,覆盖于树盘内。通过长年的地表覆盖,达到减少水土流失、保湿恒温、增加表土有机质的效果,形成与油梨原产地相似的雨林环境,稳定根际生态条件,促进油梨的正常生长和结果。

3. 根际培土 油梨根系分布浅,须根浮生,常因水土流失而造成根群裸露,影响树体的正常生长。培土可以保护根系,增厚根际土层,保持土壤水分,稳定土壤温度,增加土壤养分。培土宜在冬季进行。培土材料可根据油梨园的土壤性质而定,结合改土进行。原则上以就地取较肥沃的土壤为好。山地油梨园可取周围的草皮或表土做培土材料,平地缓坡油梨园可挖塘泥、河泥等做培土材料。培土厚度视根系裸露情况而定,一般厚3～5厘米。

根据果园水土流失和根群裸露情况,一般2～3年进行1次培土。

(二) 施　肥

1. 土壤施肥　油梨园进入结果期后,根系分布范围宽,株行间的根系已经相互交叉,为避免感染根腐病,一般不再挖深沟改土或施肥。施肥以水施、铺施和挖浅沟施为主。容易溶解的化肥,以水施为主或在雨天撒施,也可以把麸饼、粪肥等有机肥放入水池中沤制腐熟后再水施;一般的有机肥料则在树冠滴水线内侧拨开落叶层和覆盖物,把约5厘米深的表层土拨开,将肥料均匀地铺在上面,然后再把表土及死覆盖物盖回;也可以在树冠滴水线稍内侧挖深10～15厘米的浅沟把肥料施下。如遇天气干旱,土壤缺水时,铺施或挖浅沟施肥后还需淋水或进行灌溉,以促进根系尽快吸收,提高肥料利用率。需要注意的是,如果连续多年采用肥料铺施的方法,会使油梨的吸收根上浮,集中在表土层,从而降低油梨的抗旱和抗寒能力。因此,生产中要注意铺施与沟施交替使用。

由于油梨生长周期中主要变化出现在春季,此时期大量开花,果实也开始发育,大量老叶脱落又抽发新梢,春前树体的营养积累对春后的生长、开花和结果有着决定性的作用,所以,大量肥料应在春前施用。夏季果实持续生长,但没有阵发性的夏梢或秋梢发生,每月均衡施肥即可。秋天收果后,进入树势恢复和花芽分化,应及时施肥。油梨结果树一般每年施肥3～4次。

(1)花前肥　主要作用是促进花芽分化及花穗发育,供给树体开花和春梢生长所需养分。在花芽萌动前 10~15 天(1~2 月份左右)施用,以钾肥为主,结合有机肥和磷肥,每株施用硫酸钾 0.5~1 千克、腐熟的有机肥 10~20 千克、过磷酸钙 0.5 千克。在开花前施一次促花肥,氮、磷、钾配合施用,每株施复合肥 1~2 千克,以促进开花。

(2)稳果肥　主要作用是补充幼果和春梢生长发育所需的养分,减少生理落果,提高坐果率,特别是对于多花树、老弱树效果更为显著。在第二次生理落果前(5 月底左右)施下,每株淋施复合肥 1~1.5 千克,或尿素 0.5 千克,过磷酸钙 0.25~0.5 千克,硫酸钾 0.25~0.5 千克。对初结果树和少果的壮旺树,可以少施或不施氮肥,避免抽发大量的夏梢而加重梢、果矛盾,引起大量落果。

(3)壮果肥　主要作用是提供果实发育所需的养分,促进果实迅速膨大。在 7 月中下旬施用,每株施用复合肥 0.5~1 千克,或尿素 0.25 千克,过磷酸钙 0.25 千克,硫酸钾 0.25~0.5 千克。老弱树、花果多的树,要重视施壮果肥;树势旺而花果少的树可少施或不施壮果肥,或以根外追肥代替土壤施肥。

(4)采果肥　主要作用是恢复树势,促进秋梢生长和充实,为翌年结果打下基础。采果肥在 9~11 月份施用,中早熟品种在果实采收后施用,迟熟品种宜在果实采收前施用,以尽快恢复树势,促使抽出健壮的秋梢。每株施用复合肥 1~2 千克,硫酸钾 0.5~1 千克。

2. 叶面追肥　油梨的枝、叶和果实等都具有不同程度的吸收肥料的能力,因此,可以通过将一定浓度的液肥喷施到叶片或枝条上,达到施肥的目的。叶面追肥简单易行,用肥量小,发挥作用快,肥料利用率高,可及时满足油梨对肥料的急需,还可结合喷洒农药防治病虫害进行,节约劳力,降低生产成本。但由于叶面追肥肥效短,不能代替土壤施肥,只作为土壤追肥的补充。

常用的根外追肥肥料种类有尿素、磷酸二氢钾、硼砂、硼酸、硫酸镁、硫酸锌、硫酸亚铁、高美施、绿叶宝等无机或有机叶面肥。生产中可根据果园和树体的具体情况选用适合的肥料（表3）。

表3 常用叶面肥料种类及其使用浓度

肥料名称	使用浓度(%)	肥料名称	使用浓度(%)
尿　素	0.3～0.5	硝酸钾	0.5
硝酸铵	0.1～0.3	硼　砂	0.1～0.2
硫酸铵	0.1～0.3	硼　酸	0.1～0.5
磷酸铵	0.3～0.5	硫酸亚铁	0.1～0.4
腐熟人粪尿	5～10	硫酸锌	0.1～0.5
过磷酸钙	1～3	柠檬酸铁	0.1～0.2
硫酸钾	0.3～0.5	钼酸铵	0.3
草木灰	1～5	硫酸铜	0.01～0.02
磷酸二氢钾	0.2～0.3	硫酸镁	0.1～0.2

　　叶面追肥时期与使用肥料种类不同，其效果也不同。在萌芽、枝梢生长期喷施尿素、磷酸二氢钾等叶面肥，有促进枝梢生长的作用；在开花期和幼果期喷施硼酸、磷酸二氢钾等叶面肥，可减少落果，提高坐果率；在果实发育期喷硫酸钾、磷酸二氢钾、草木灰等叶面肥，可促进果实发育和提高果实品质；采果后对长势衰弱的树喷施尿素等叶面肥，可恢复树势，增加树体营养积累；在树体出现缺素时，喷施各种微量元素叶面肥，如硫酸锌、硫酸镁、硫酸亚铁等，可以较快地纠正缺素症。

　　根外追肥时以叶片对肥料的吸收速度最快，而叶片主要是通过气孔和角质层吸收肥料的，所以进行根外追肥时要把肥料溶液重点喷在叶背上，以利于吸收。在早晨、傍晚和灌溉后叶片气孔开放时进行叶面喷施效果最好。

　　在喷施叶面肥过程中，要根据植株的生长情况和天气情况，严格控制使用浓度，否则容易导致嫩叶灼伤、幼果脱落等药害现象，尤其是在多种肥料混合使用的情况下更容易出现上述情况。

（三）灌溉和排水

油梨果园全年都需要保持根际土壤湿润，一旦缺水，生理功能就会受阻，导致树势衰弱，叶色褪绿，严重时出现落花、落果，甚至引起叶片脱落。油梨对水分敏感的时期主要在花芽分化期、开花期及果实膨大期。花芽分化期缺水，花芽分化和花穗的发育不良，造成花芽不能按时萌发，花穗短小；开花期往往伴随着集中换叶，如果此时缺水，会影响花朵授粉受精，老叶提前脱落，春梢不能正常抽生；果实膨大期缺水，则会使果实增大受阻，直接影响到产量。因此，旱季要及时灌溉，一般连续 15 天以上的晴天，油梨园就需要灌溉。在果实成熟期，适当的干旱可以提高果实品质及耐贮能力。

灌溉方法最好采用喷灌或滴灌，如果没有条件，也可以用机械喷淋或人工淋灌。地面漫灌耗水量大，而且容易引起根腐病的传播和蔓延，不宜采用。

油梨根系忌渍水，如果土壤含水量过高，透气性差，将造成根系生长不良，容易感染根腐病，严重的会造成根系腐烂。因此，在管理过程中切忌过量灌溉，雨季要做好油梨园的排水工作，避免果园积水。

（四）树体管理

1. 修　剪

（1）修剪的作用　通过修剪可保持合理的树冠结构，使枝梢分布均匀，冠内通风透光，从而提高光合效能，减少病虫害。同时，剪去一些过密枝、纤弱枝或病虫危害严重枝等无效枝条，可以减少养分消耗，集中养分供给留下的枝梢，促进和调节营养生长和生殖生长。

（2）修剪的方法　修剪方法以疏剪为主，短截为辅。疏剪，指枝梢从基部剪除。疏剪可选优去劣，除密留稀，减少枝条数量，减少养分消耗，提高留用枝的质量，使树冠通风透光。疏剪后在母枝上形成的伤口,影响水分和营养物质的运输,因此可控制上部枝梢旺长,促使下部枝梢生长。短截,指剪去枝梢的一部分。短截可促进分枝,增加枝梢数量;还可缩短枝轴,使留下部分更靠近根系,从而缩短了养分运输距离,有利于促进生长和更新复壮。

油梨修剪以疏剪为主,主要剪去过密枝、交叉重叠枝、纤弱枝、枯枝和病虫危害严重枝等,从而改善树冠通风透光条件,促进开花结果。对突出树冠顶部的个别直立枝条进行短截,可以控制树冠高度,便于生产管理。对一些老弱树,可以通过对较大枝条的短截回缩,促发新梢,达到更新复壮的目的。

2. 保花保果 油梨在一般栽培管理条件下,花量多,但坐果率低,有的果园还会出现花而不实的现象。造成油梨坐果率低的原因是多方面的,但主要是授粉受精不良,以及油梨在开花期伴随着大量的老叶脱落和新梢生长,消耗了大量养分,导致树体营养水平急剧下降,引起大量落花落果。因此,做好保花保果工作,是油梨丰产稳产栽培的一个重要环节,要重视抓好以下工作。

(1)加强肥水管理 油梨园施足花前肥和保果肥,保证水分供应,可提高植株营养水平,增强树势,提高花芽质量,促进花器正常发育。

(2)保证授粉受精条件

①合理配置 A 型花和 B 型花品种 品种合理配比,可确保足够的花粉量。

②花期果园放蜂 油梨花朵为雌雄同花异熟,自花授粉困难,因而主要是依靠昆虫传递花粉。油梨花期较长,流蜜量大,花期果园放蜂既可增加经济收入,又可明显地提高授粉率和坐果率,是保花保果的一个既经济又有效的方法。一般每公顷果园摆放 10～20 群蜜蜂较为适宜,蜂箱最好分散于油梨园中,以缩短蜜蜂采蜜的往返距离,增加蜜蜂接触花朵的机会。在花期切忌喷药,防止蜂群中毒。

③叶面追肥 叶面追肥见效快,能及时补充花果发育所需的

养分,减少因营养供应不及时而造成的落花落果。一般可在开花期至果实膨大期结合喷施防病虫药或保果药剂施用。如开花期,可喷施 0.1%~0.2%尿素+0.2%~0.3%磷酸二氢钾+0.1%硼砂;幼果期喷施 0.1%~0.2%尿素+0.2%~0.3%磷酸二氢钾,也可选用腐植酸、高美施、绿叶宝等复合型叶面肥。如果树势旺,叶色浓绿,可少加或不加尿素。

④应用植物生长调节剂　分别在谢花后、幼果期和果实膨大期各喷洒 1 次 200 毫克/升赤霉素,或 80 毫克/升赤霉素+5~10 毫克/升 2,4-D,或 5406 细胞分裂素 200~400 倍液,可减少落花落果,提高坐果率。但要慎重使用植物生长调节剂,因其使用浓度稀,用药量极小,一般生产者较难掌握配制合适的药量。应严格按照规定的浓度使用,最好先做少量试验,再扩大使用范围,以免造成药害。

⑤在花果发育关键时期做好水分管理工作　开花期和幼果生长期如遇高温干旱天气,应适当灌水,并进行树冠喷雾,以降低环境湿度,避免花朵柱头过快干枯而不能授粉受精或使幼果失水脱落。果实发育中后期,一些品种(如桂研 10 号)的果实在久旱后遇雨,往往因裂果造成果实脱落,所以,果实膨大期遇旱要保持均衡供水;果实成熟期遇干旱天气,适当灌水可以减少采前落果,延长果实挂树时间,但要注意不要灌水过多,以免对果实品质产生不良影响。

⑥及时防治病虫害　病虫害常常直接或间接危害花芽、花朵或幼果,造成落花落果。因此,及时防治病虫害也是一项保花保果的重要措施(具体防治方法见本章油梨病虫害防治技术部分)。

3. 防御台风　由于油梨生长迅速,木质疏松,植株高大,根系分布浅,果实较大型,因而抗风能力较差。据多年观察,八级以上的强风将使油梨园受到较大的影响。成年油梨园遭强风侵袭,往往会造成枝干折断和植株倒伏,或由于强风使植株猛烈摆动而损伤根系,容易感染根腐病。我国华南地区 7~9 月份台风比较频繁,此时油梨果实已比较大,有的品种已接近成熟,遇强风袭击会引起大量落果,严重影响产量。因此,在有台风影响的沿海地区或内陆地区两座山体之间形成的"风口"地段的油梨园,要注意做好防御强风工作。

防御台风工作主要包括下几个方面:①重视选址建园,不要在经常有台风影响的地段种植油梨。②营造防护林带,以减弱台风对油梨园的吹袭。③在台风来临前抢收已近成熟的果实,并做好推销和加工工作。④台风过后,及时清园和整理植株。及时清除被台风吹落的果实,以免腐烂在园内,导致某些病害(如果实炭疽病)的滋生和蔓延;修剪被台风吹折、吹断的枝叶,剪口(或锯口)较大的要用薄膜包扎或涂上保护剂,以减少伤口的水分蒸发,使树体尽快恢复生长势;被风吹倾斜的树稍微扶正,顺势培土固定;及时挖除被吹断树干或连根拔起的树,并在原树位置上补种新的油梨苗。⑤台风过后,对全园进行施药防治根腐病(详见本章幼树管理之防御台风部分)。

4. 防寒保树 油梨的抗寒能力比荔枝、龙眼等亚热带果树强,在华南大部分地区不会产生寒害。在一些偏北地区种植,则要注意防寒保树,要做好以下工作:①在易受冻害地区选朝南的丘陵山地建园或营造防护林。②在栽培管理中多施有机肥和钾肥,以增强树势,提高抗寒能力。③在霜冻天气来临前对果园灌水、喷水,以调节环境温度。④出现霜冻当晚要进行熏烟。在低温来临前焚烧杂草树叶等,每公顷设 60～75 堆,以提高温度。⑤用涂白剂于秋季涂抹树干,避免因温差过大引起树皮爆裂,并起到防病除虫的作用。涂白剂可用石灰 1 份、水 1 份、硫黄粉 0.1 份加入少量食盐调和即成。

三、油梨病虫害防治技术

（一）主要病害及其防治技术

油梨病害有 30 多种，其中危害性最大、传播范围最广的是疫霉根腐病。此外，我国油梨种植区还发现有茎溃疡病、炭疽病、蒂腐病、疮痂病、日灼病及轮枝孢萎蔫病等病害发生。

1. 根 腐 病

根腐病是油梨的主要病害，在世界油梨植区广泛发生，严重时会毁灭整个油梨园。该病害是许多地区种植油梨失败的主要原因之一。根腐病在我国台湾、海南、广东、广西、云南等省（自治区）油梨种植区均有发生。因此，对根腐病的防治要高度重视。

【危害症状】 油梨树的幼苗、幼树和成年植株均可能被根腐病侵害。病菌主要侵害植株的吸收根，造成吸收根变黑、腐烂。重病树的吸收根全部腐烂，一些较细的侧须根褐变坏死，而直径 5 毫米以上的支根、主根很少受侵害，这是本病的主要特征，也是与担子菌引起的其他根腐病的主要区别。茎干受害时，树皮坏死，形成溃疡斑，病部溢出一些含糖物质。病树树冠普遍呈现生长势不旺盛的表症，叶片比健树小，呈苍白色或黄绿色，大量萎蔫和脱落；严重时枝条回枯，树冠稀疏，生长势逐渐衰退。在病害发展的较早阶段，一些病树常产生异常多的小型果实，无经济价值，而重病树常不再抽生新梢，也不结果，最终整株死亡。一株大树从看到早期症状到整株死亡一般经过 1 年至数年。

【病原菌及其流行条件】 根腐病的病原菌主要是樟疫霉菌（*Phytophthora cinnamomi* Rands），属鞭毛菌亚门，腐霉科，疫霉属。该菌的寄主范围广泛，主要寄主有油梨、桉树、菠萝、澳洲坚果及松树等。常在田间病株、病残物及土壤中存活和越冬，并能在无寄主植物存在的潮湿土壤中至少存活 6 年以上,并提供初侵染源。借助雨水径流、灌溉水和粘附病土的种苗、农具、人和动物等媒介传播。潮湿的土壤是主要诱病因子。低洼、透水性差、黏重土壤、排水不良或过量灌溉等导致土壤含水量高、缺乏地面覆盖和有机质含量低的果园发病严重。发病最适土温为 21℃～30℃,33℃以上和 12℃以下很少发病。pH 6.5 的土壤最适合病害发生,土壤酸度大不利于发病。

【防治方法】

第一,选好园地。排水不良是诱发根腐病的主要原因。因此,要选择在土壤疏松、排水良好的缓坡地种植油梨,不能在低洼地或排水不良的高岭土、重黏土中建油梨园。

第二,培育无病种苗。不在病区育苗,选择排水良好的无病土壤育苗。繁殖用的种子用 48℃～52℃热水浸泡 30 分钟,使用通气良好和自由排水的生长基质,苗圃四周设置围墙,出入人员和工具要消毒灭菌。

第三,加强预防措施。油梨园种植前用威百亩和二氯丙烯混合剂或敌克松处理土壤,有较好防治效果;种植后,在树冠交接前,行间间种巴西苜蓿有预防根腐病的作用;树冠交接后,尽量避免过深中耕,果园中的杂草可以通过喷洒除草剂控制或人工割草,以减少对根系的损伤;在栽培过程中,土壤淋施硫酸铜或叶面喷施三乙磷酸铝等杀菌剂也可防止根腐病的发生。

第四,改善果园条件和加强果园管理。做好果园排灌系统的建设,平地果园要筑土墩种植,保持果园地面覆盖;坐果过多时要及时疏果,增施有机肥,增强树势,合理灌溉;防止病苗、病土和病区流水进入无病果园。

第五,在病区可改种 Thomas、Duke7 等抗性砧木的嫁接苗,病区四周挖隔离沟将流水引入园外,病区土壤用甲基溴、棉隆或威百亩熏蒸杀菌。

第六,及时处理病株,做好化学防治。对新发病油梨园的个别病株必须尽早挖除,销毁病株,深挖病株周边土壤,撒施石灰或用杀菌剂消毒。老病区初发病时,轻病株可择晴天挖开根颈部泥土,让病株根颈处充分暴露,砍去病死根,刮去病灶,喷洒杀菌剂消毒后涂上防腐剂,待伤口干后,施腐熟农家肥并回土。同时,在病树及其周围健树的树冠下疏松土壤,重复淋灌70%敌克松可湿性粉剂1000倍液,25%甲霜灵可湿性粉剂1000倍液或40%三乙磷酸铝可湿性粉剂1000倍液,每2~3个月淋1次,1年施药3~5次,或用40%三乙磷酸铝40倍液注射病树茎干或三乙磷酸铝200倍液喷洒病树叶片,均可在一定程度上控制油梨根腐病的发生和蔓延。

2. 茎溃疡病

在美国加利福尼亚州、澳大利亚、巴西、南非、喀麦隆等地的油梨园,该病发生较严重。我国云南、广西等地的油梨园也有发生。

【危害症状】 发病初期,在地表或地表以下根颈交接处树皮褪色、坏死,呈水渍状腐烂,随后病变部为白色粉状物所覆盖,边缘渐变为粉红褐色。患病植株叶片变小,叶色变淡,逐渐脱落,枝条回枯。当溃疡部环缢主干后,导致整株枯死。

【病原菌及其流行条件】 主要由柑橘生疫霉菌(*Phytophthora citricola Saw.*)引起。此菌寄主范围广泛,主要有柑橘、丁香、苹果、胡桃、啤酒花和多种观赏植物。在高湿土壤环境中容易发病,一般在高温多雨季节感染,冬季潜伏。多感染10龄以上的油梨树。

【防治方法】 预防措施同疫霉根腐病。在春季和夏季发病多。发现时立即切除患部,用波尔多浆(由波尔多粉与亚麻油混合而成)涂敷伤口进行消毒。用亚甲蓝溶液注射病斑,也可取得良好的防治效果。

3. 炭疽病

此病呈世界性分布,是引起油梨落果、果腐和贮运期缩短果实货架寿命的主要原因之一。在美国佛罗里达州以及澳大利亚、南非、新西兰、墨西哥和以色列等国均有发生。是南非最重要的采后病害,常造成37%以上的鲜果损失。在我国海南、广西油梨产区亦有发生。

【危害症状】 油梨的叶、花、果和嫩枝均可受害。叶片受害,在叶尖和叶缘处开始出现锈褐色斑点,斑点逐渐扩大、坏死,最终整张叶片完全枯萎、脱落。嫩枝受害,产生褐色或紫色坏死斑,造成枝条回枯。花朵感病后呈红褐色至深褐色,不能正常发育和授粉受精。果实感病时,病菌主要是通过皮孔或伤口侵入,在绿色品种果皮上出现褐色或者黄褐色斑点,在暗色品种果皮上出现比正常较淡的斑点,病斑有些下陷,常有破裂或有裂缝,有时呈环状斑纹。在潮湿条件下,病斑上出现粉红色物。在树上未成熟的果实感病后,可引起果变小或畸形。一般感病后的果实比正常果实提前成熟,随着斑块不断扩大会引起落果。有的果实在树上时就已被侵染,病菌潜伏侵染在果皮上,并不表现出症状,到采收后变软熟时才表现症状,随着油梨软熟,病部迅速从果皮蔓延至果肉,造成果实腐烂,最终呈墨绿色软腐,不堪食用。

【病原菌及其流行条件】 病原菌为胶孢炭疽菌(*Colletotrichum gloeosporioides* Penz Sace)。此菌在田间病枝、病叶和病果上产生大量分生孢子,通过风雨传播,散落在寄主组织表面的孢子在湿润条件下发芽,在芽管前端形成附着孢和侵入钉,穿入角质层,在细胞内和细胞间形成菌丝,蔓延危害而产生病斑。在多雨、早晨露水重和灌溉过后的高湿果园容易发病。

【防治方法】

第一,加强栽培管理,增施有机肥料,增强树势,增强树体的抗病性。

第二,冬季清园。清除果园内的枯枝落叶,减少病源。

第三,在新梢抽发期和坐果期,如天气潮湿,喷洒2～3次含铜杀菌剂(波尔多液、氯化亚铜或碱式硫酸铜)、苯来特、敌菌丹、扑菌唑等药剂,可有效控制炭疽病的发生。

第四,果实采收后6小时内,用250毫克/升有效成分的扑菌唑或苯来特、杀菌灵(TBZ)药液浸泡果实半分钟,风干后用草纸单果包装,摆放在纸箱中,可有效控制贮运期的炭疽病果的发生。

4. 蒂腐病

该病在国外油梨产区均有发生,是油梨采后贮运期的一种重要病害。我国油梨种植区也有发病。

【危害症状】 常常由几种真菌引起的一种复合病症状,病菌在田间侵入幼果,表现为潜伏侵染。到果实采后软熟时,在果蒂部出现褐色或黑色斑块,果蒂皮层轻微皱缩,果肉不同程度地褐变、腐烂,最后整个果实变黑色,果肉软腐有腐臭味。

【病原菌及其流行条件】 病原菌有可可毛二孢 *Lasiodiplodia theobromae* (Pat.) Griff. Et Maubl. (*Botryodiplodia theobromae* Pat. 异名 *Diplodia natalensis* Pole-Evans.),小穴壳菌 *Dothiorella aromatiea*,*Phomopsis spp.*,*Colletotrichum gloeosporioides Penz*,Fusarium spp. 等。在不同的种植区有不同的优势菌种。病原菌在天气潮湿时产生孢子,通过雨水和气流传播,造成潜伏侵染,也可以从采收时造成的伤口侵入果实。凡是有利于炭疽病和溃疡病发生的条件也有利于蒂腐病的流行。

【防治方法】

第一,加强果园管理,适时适量灌溉,增施有机肥料,提高植株的抗性。

第二,坐果后至收获前期用纸袋套果,阻隔病原菌,能有效地降低果实采后蒂腐病的发生率。

第三,适时采收。未成熟的果实、下雨天及早上露水未干时不宜采果,采收时不要造成果实机械损伤,尽量保留短果柄,以减少病原菌入侵的途径。

第四,采后迅速用250～1 000毫克/升扑菌唑或多菌灵、咪鲜胺药液浸泡果实,取出风干后,在适宜的低温下贮藏,可以减少蒂腐病的发生。

5. 疮痂病

在潮湿的热带和亚热带种植区,疮痂病是油梨的一种严重病害。在巴西、古巴、海地、墨西哥、波多黎各、美国佛罗里达州和南非均有发生。我国海南、广西等地油梨种植区也有发病。

【危害症状】 病菌可侵害嫩叶、嫩梢和幼果。在叶上出现分散的小病斑,直径小于3.5毫米,病斑开始呈灰白色,以后转为紫褐色或浅黑色。多个病斑可连合成大的星状斑块,其中心形成穿孔。发病严重时叶片卷缩,小枝扭曲。果实受害,果皮上产生褐色至紫褐色卵圆形或不规则形病斑,病斑逐渐扩展、连合,形成茶褐色、稍凸起的粗糙斑块,病斑常有龟裂。病果在成熟前脱落或外观不佳,从而降低果实的商品价值。

【病原菌及其流行条件】 病原菌为痂圆孢属真菌(*Sphaceloma perseae Jenk*)。此菌只侵害寄主的幼嫩组织,叶片抽出后1个月就不再被侵染,果实达到成熟大小的一半时抗该病。冷凉和潮湿天气容易发病,在嫩叶抽发期和幼果期如出现大雨和浓雾天气,有病原菌存在的果园,此病发生严重。油梨树对此病的抗病性因品种而有显著差异,危地马拉系和墨西哥系较抗病,西印度系油梨实生树的幼果特别容易被感染。

【防治方法】

第一,加强果园肥水管理,增强树势,促使新梢、花穗抽发整齐、健壮,促进幼果发育迅速,缩短受害期。

第二,在新梢抽发期和开花坐果期,喷洒含铜杀菌剂、苯来特等(参考炭疽病的防治方法),可有效防治此病发生。在此病发生严重的果园,一般应连续喷洒3次上述药液:第一次在花穗抽生期喷洒;第二次在开花期结束时喷洒;第三次在开花结束后3~4周喷洒。

第三,发现病树要及时剪除病叶、病枝和病果,拿到果园外烧毁,以减少侵染源。

6. 日灼病

在美国的加利福尼亚州、佛罗里达州以及秘鲁、委内瑞拉、澳大利亚、南非、以色列和西班牙等油梨种植区均有发生。幼树染病后生长受阻而矮生,结果树染病后产量下降或果实变形,品质变劣而失去商品价值,此病会大大缩短油梨的经济寿命,带来严重的经济损失。

【危害症状】 感病植株的枝、叶、果实均可表现症状。病树的小枝上出现浅黄色、红色条斑,呈锯齿状有时凹陷、坏死。果实被感染后,病部出现斑块或条纹,在绿色果皮品种上条斑呈浅白色或浅黄色,在紫色果皮品种上条斑呈红色或紫红色。多数病果上的条斑凹陷,导致果实严重变形。叶片感染后,呈白色或浅黄色斑驳,轻微畸形。重病树枝条向下弯曲,树皮变干,茎干和大枝的树皮呈长方形爆裂。

【病 原】 病原为油梨日灼病类病毒(*Avocado sunblotch viroid*,ASBVD)。主要由带病的种子和接穗传播。

【防治方法】

第一,做好植物检疫,严防病原进入无病区。

第二,建立无病采种母树。为预防花粉传播,苗圃应建立在远离病园处,不在病区采集种子和接穗,选用无病树的接穗和种子做繁殖材料。

第三,及时清除有症状的病树,减少传染源。

第四,在病区,修剪、采收的枝剪等工具应进行严格消毒。

7. 轮枝孢姜蔫病

此病在油梨幼树和结果树均可能发生,造成小枝顶端枯死,病树1年或数年不结果。受害严重的可导致整株死亡。

【危害症状】 病菌往往从根系侵入,在维管束系统内蔓延,再经木质部侵入植株枝条顶端。植株表面症状是1枝或几枝枝条或整株树的叶子突然枯萎,叶片迅速变褐、枯死,但仍挂在枝条上长达数月之久。

【病原菌及其寄主】 病原菌为大丽花轮枝孢(*Verticillium dahliae* Kleb.)。此菌为土壤习居菌,以微菌核在土中存活长达几十年。寄主范围广,包括茄科蔬菜(番茄、辣椒、茄瓜等)、核果类、浆果类、花草和杂草等。

【防治方法】

第一,选用墨西哥系抗病品种做砧木。

第二,选择在新开垦的园地种植油梨,果园行间不能间种茄科等感病作物。

第三,对初发病的植株,在病树枝条停止回枯和开始抽发新梢时剪除枯枝,增施肥料,促进抽生健壮的新梢。

第四,对发病严重的植株,应及时挖除,并用氯化钴熏蒸土壤消毒。

(二) 主要虫害及其防治技术

我国对油梨虫害的研究比较少,根据海南、广东、广西等地报道,在油梨园中发生数量较多的虫害有樟脊网蝽、角盲蝽、红带蓟马、梨豹蠹蛾、油桐尺蠖、刺蛾、毒蛾等。

1. 樟脊网蝽(*Stephanitis macaona* Drake)

属半翅目网蝽科。分布于海南、广西、广东、福建、江西及湖南等省(自治区)。除为害油梨外还为害樟树。

【形态特征】

①成虫　虫体长 3.5~3.8 毫米,宽 1.6~1.9 毫米,体扁平,椭圆形,茶褐色,头兜卵形网膜状,向上极度延展。中脊亦呈膜状隆起,延伸至三角突末端。三角突白色网状。前翅膜质网状,中部稍前和近末端各有一褐色横斑。胸部腹板中央有一长方形薄片状的突出。雌虫腹部末端尖削黑色,雄虫较钝,黑褐色。

②卵　长 0.3 毫米左右,宽约 0.2 毫米,茄形,初产时乳白色,后期淡黄色。

③若虫　共 5 龄,5 龄若虫体长 1.7~1.8 毫米,宽约 0.9 毫米,前胸背板向两侧极度扩展,侧角处有枝刺 1 枚,中胸背板中央两侧各具长刺 1 枚,三角突近基部具褐色短刺 2 枚,翅芽达第五肢节中部。

【生活习性】　1 年发生 6 代左右。成虫、若虫性喜荫蔽,不甚活泼。油梨植株下部叶片比上部叶片受害重,树冠中部叶片比外部叶片受害重。雌虫成行产卵于叶背主脉和第一分脉两侧组织内,疏散排列,卵盖外露,上覆灰褐色胶质或褐色排泄物。

【为害状】　成虫、若虫群集于油梨叶片背面吸食组织汁液,被害叶片正面呈浅黄白色小点或苍白色斑块,而背面呈褐色小点或锈色斑块;为害严重时,造成叶片干枯脱落。

【防治方法】　在虫害发生初期,喷洒 50% 敌敌畏或 90% 敌百虫或 50% 三硫磷 1000 倍液有良好的防治效果。

2. 角盲蝽(*Helopeltis* sp.)

属半翅目盲蝽科。分布于海南、云南等地。除为害油梨外还为害可可、杧果、腰果、胡椒及红毛榴莲等多种作物。

【形态特征】

①成虫　虫体长 5~6 毫米,宽 1.2~1.5 毫米。长形,土黄色,头小,后缘黑褐色。触角细长约为体长的两倍,第一节长于头与前胸背板之间。前胸背板前方缩小呈颈状。小盾片后缘圆形,

其前端长有一稍向后弯、顶部呈小圆球状的小盾片角。前翅淡灰色，具虹彩。足土黄色，其上散生许多黑色斑点。

②卵　近似圆筒形，乳白色，卵盖两侧具一长一短呈白色丝状的呼吸突。

③若虫　共5龄。5龄若虫体长5.3毫米，体宽1.4毫米，长形。全体土黄色稍带红，复眼黑色，触角上具散生的黑色斑，第三节和第四节触角上部具黑褐色毛。翅芽发达伸至第三腹节背面。小盾片角完整，足的腿节具灰色斑，跗节黑色。

【生活习性】　在海南1年发生12代，平均一代需时26.1～52.2天。在冬季照常产卵繁殖。雌成虫产卵于油梨树幼嫩组织上，待若虫孵出后为害嫩叶和幼果，并使其干枯。在抽梢及幼果期以外，可为害附近其他寄主植物。

【为害状】　成虫、若虫为害油梨树嫩叶，被害部位呈水渍状多角形斑，最后呈现干枯。为害幼果，致使被害部分出现痂状斑并停止生长发育，最后亦呈现干枯状。

【防治方法】　合理修剪，使树体通风透光。虫害发生初期，喷洒80%敌敌畏1 000倍液或50%杀螟松1 000倍液进行防治。

3. 红带蓟马(*Selenothrips rubriocinctus* Giard)

属缨翅目蓟马科。分布于华南各省(自治区)。除为害油梨外还为害杧果、腰果等多种作物。

【形态特征】

①成虫　虫体长形，黑褐色，体长1～1.5毫米，翅缘缨毛浓密呈灰黑色。卵肾形，黄白色，长约0.25毫米。

②若虫　虫体长形，黄色，腹部基部呈带状亮红色，老熟时体长1毫米。

③蛹　长形，体长1毫米，体形似若虫，但具完全发育的翅芽。

【生活习性】　1年约发生10代。雌成虫行孤雌生殖，单产卵于油梨树叶片背面且带有一滴类似粪便状物。若虫孵出后即在叶背上取食,常数头聚集在一起于靠近主脉的凹陷处或小沟中生活,外有丝网遮盖,通常虫体将腹部末端翘起,顶部常带有一球状液滴。

【为害状】 成虫、若虫群集于油梨树叶片吸食组织汁液,致使被害部分呈现锈色斑,为害严重时使整张叶片干枯。

【防治方法】 在该虫发生初期,可喷洒40%乐果或50%杀螟松1 000倍液加以防治。

4. 梨豹蠹蛾(*Zeuzera pyrina Staudinger* et *Rebel*)

属鳞翅目豹蠹蛾科。分布于海南、广东、福建等地。除为害油梨外还为害桃树、梨树、茶树等多种作物。

【形态特征】

①成虫 虫体长34毫米,翅展50~75毫米,全体白色,胸部背面有6个黑色斑点,腹部有黑色线纹。前翅密布黑色斑点,前缘、外缘、后缘及中室的斑纹较粗大,其余的较窄小。后翅除后缘区外均密布黑色斑点,外缘中部黑斑稍粗。

②幼虫 幼龄时紫红色,老熟时呈白黄色,体长40~50毫米,前胸背板具黑斑,黑斑后缘具刺状突起或黑点,中央有一条纵走的黄白色细线。每一体节上均具有黑色毛瘤,瘤上长有一根乳白色长毛。

③蛹 长约25毫米,黄褐色,头部有一个突起。

【生活习性及为害状】 在海南省1年约发生2代。雌成虫产卵于枝梢部叶片叶柄基部,单粒散产,幼虫孵出后便蛀入梢中,致使被蛀害部位以上的枝梢及叶片在第三天出现萎蔫,第十五天左右出现干枯。幼虫老熟时先蛀一羽化孔,然后用粪便、木屑等堵塞虫道两端,构筑蛹室在其中化蛹,蛹期约15天。

【防治方法】 及时剪除被害枝条;用钢丝钩杀虫道中的幼虫。

5. 油桐尺蠖(*Buzura suppressaria* Guenee)

属鳞翅目尺蛾科。华南各地均有分布。主要为害油梨、柑橘等果树以及油桐等多种经济林木。幼虫取食寄主叶片,猖獗为害时可将油梨的新叶片取食殆尽。

【形态特征】

①成虫　体长19~24毫米,灰白色,密布灰黑色小斑点。雌蛾触角丝状,前、后翅各有3条不规则黄褐色横纹;雄蛾触角羽状,翅纹内外有2条黑褐色,中间1条不明显。

②幼虫　老熟时体长约70毫米,初孵时体色黑褐,以后随环境不同而变化,有黄绿、青绿、灰褐、深褐等色,腹部有腹足和臀足各1对。

【生活习性】　在广西每年发生3~4代,以蛹在油梨园土中越冬,翌年3月下旬陆续羽化出土;幼虫盛发期分别在5月上旬、7月中旬和9月上旬。成虫白天蛰伏,夜晚活动,有趋光性和假死性,产卵于寄主粗糙的树皮或缝隙处以及油梨的叶背上。幼虫孵化后吐丝下坠,飘荡扩散,行走时为典型"步曲"状,静止时佯作枯枝状。老熟后入土化蛹。

【为害状】　低龄幼虫啃食嫩叶叶肉,稍大幼虫可把叶片啃食成缺刻和孔洞,严重时可把嫩枝啃食成光杆。幼虫还啃食幼果,造成果皮缺陷,受害部位变为黑褐色,轻者影响果实发育和外观,重者引起幼果脱落。

【防治方法】

第一,结合中耕翻土挖蛹,或在产卵盛期刮除卵块,或手捕幼虫。

第二,幼虫化蛹前,在树干周围铺设薄膜,上铺湿润的松土,引诱幼虫化蛹,加以杀灭;也可在成虫羽化盛期点灯诱杀。

第三,在3龄幼虫盛发前施药防治,可选用90%敌百虫晶体1 000倍液、50%杀螟硫磷乳油500倍液、20%克螨虫乳油1 000

倍液喷洒。

6. 刺　蛾（*Thosea sinensis*）

属鳞翅目刺蛾科。全国均有发生。除为害油梨外,还可为害柑橘、石榴、李等果树和花卉、茶叶等作物。

【形态特征】

①成虫　体长 13～18 毫米,翅展 28～39 毫米,体暗灰褐色,腹面及足色深。雌性成虫触角为丝状,基部 10 多节呈栉齿状,雄性成虫触角为羽状。前翅灰褐色稍带紫色,中室外侧有一明显的暗褐色斜纹,自前缘近顶角处向后缘中部倾斜;中室上角有一黑点,雄蛾较明显。后翅暗灰褐色。

②卵　扁椭圆形,长 1.1 毫米,初呈淡黄绿色,后呈灰褐色。

③幼虫　虫体长 21～26 毫米,体扁椭圆形,背稍隆似龟背,绿色或黄绿色,背线白色、边缘蓝色;体边缘每侧有 10 个瘤状突起,上生刺毛,各节背面有 2 根小丛刺毛,第四节背面两侧各有 1 个红点。

④蛹　体长 10～15 毫米,前端较肥大,近椭圆形,初乳白色,近羽化时变为黄褐色。茧长 12～16 毫米,椭圆形,暗褐色。

【生活习性】　华南地区每年发生 2～3 代,以末代老熟幼虫在树下 3～6 厘米深的土层内结茧越冬。于 4 月中旬开始化蛹,5 月中旬至 6 月上旬羽化。第一代幼虫发生期为 5 月下旬至 7 月中旬。第二代幼虫发生期为 7 月下旬至 9 月中旬。第三代幼虫发生期为 9 月上旬至 10 月份。成虫多在黄昏羽化出土,昼伏夜出,羽化后即可交尾,2 天后产卵,多散产于叶面上。卵期 7 天左右。幼虫共 8 龄,6 龄起可食全叶,老熟后多于夜间下树入土结茧。

【为害状】　与油桐尺蠖的为害状相似。

【防治方法】

第一,挖除油梨树干四周土壤中的虫茧,减少虫源。

第二,在幼虫盛发期喷洒 80％敌敌畏乳油 1 000 倍液,或 50％

辛硫磷乳油1 000倍液,或50％马拉硫磷乳油1 000倍液,或25％亚胺硫磷乳油1 000倍液,或25％爱卡士乳油1 500倍液,或5％来福灵乳油3 000倍液。

7. 毒　蛾(*Lymantridae*)

属于鳞翅目。毒蛾为杂食性,幼虫容易更换寄主植物,主要寄主有樟科、桑科、大戟科、豆科、壳斗科、山榄科、木棉科、桃金娘科、楝科等植物。

【形态特征】

①成虫　中型至大型。体粗壮多毛,雌蛾腹端有肛毛簇。口器退化,下唇须小。无单眼。触角双栉齿状,雄蛾的栉齿比雌蛾的长。有鼓膜器。翅发达,大多数种类翅面被鳞片和细毛,有些种类(如古毒蛾属、草毒蛾属)雌蛾翅退化或仅留残迹或完全无翅。成虫(蛾)大小、色泽往往因性别有显著差异。

②幼虫　体被长短不一的毛,在瘤上形成毛束或毛刷。幼虫具毒毛。幼虫第六、第七腹节或仅第七腹节有翻缩腺,是本科幼虫的重要鉴别特征。蛹为被蛹,体被毛束,体表光滑或有小孔、小瘤,有臀棘。老熟幼虫在地表枯枝落叶中或树皮缝隙中以丝或以丝、叶片和幼虫体毛缠绕成茧,在茧中化蛹。

③卵　卵多成堆地产在树皮、树枝、树叶背面、林中地被物和雌蛾茧上。卵堆上常覆盖雌蛾的分泌物或雌蛾腹部末端的毛。

【生活习性】　初孵化的幼虫在树干上群集,有取食卵壳的习性,3～4天后才分散到树冠叶片上觅食。1～2龄幼虫食量很小,有吐丝下垂随风迁移的习性。3龄以后食量显著增加。幼虫在强烈阳光下有向荫蔽处迁移暂停取食的习性。如猛烈敲击树干,1～2龄幼虫可纷纷吐丝下垂;3～5龄幼虫则立即将头部昂起,左右上下旋转摆动,甚至弹跳落地。老熟幼虫于5月下旬开始,于树洞、粗皮及树皮缝隙内结茧化蛹,亦可在园内松土、杂草和枯枝落叶层内结茧。蛹期15～20天,如遇持续高温,蛹期可缩短为10天左右。6月上旬成虫开始羽化,6月中旬至7月上旬为成虫活动盛期。初羽化的成虫常静伏树干背阴面和叶背等荫蔽处,3～5日以后常于傍晚进行飞翔交尾活动。大多数雌蛾于夜间产卵,15～20粒卵粘结成卵块。

【防治方法】

第一,利用幼虫白天下树潜伏习性在树干基部堆砖石瓦块,诱集2龄后幼虫加以扑杀。

第二,发现虫情,及时喷药防治4龄前的幼虫。可喷洒4.5%高效氯氰菊酯或2.5%敌杀死乳油2000倍液,或90%晶体敌百虫或80%敌敌畏乳油或50%辛硫磷乳油1000倍液等药剂。

除上述害虫外,广西、广东等地油梨园还可常见潜叶蛾、金龟子、蚜虫等害虫,但一般不会造成严重为害。另外,在Hass和Walter Hole品种上还发现蓑蛾和介壳虫为害,造成叶片缺刻、失绿黄化,甚至脱落。桂垦大3号常有"独角仙"啃食枝条皮层。一些品种(如Hass、Ettinger等)果实成熟时常有松鼠、老鼠啃食果肉,造成果实缺陷和采前落果。

第七章 果实采收、贮藏与加工利用

一、采 收

(一) 正确判断果实成熟度

适时采收是保证油梨产量和质量的重要措施。采收过早，果实中含水量高而干物质及含油量低，采收后果皮失水皱缩，不容易后熟，果肉缺乏特有的色、香、味，口感及风味差。采收过迟，果实过熟会引起大量落果，造成减产，而且过熟的果实采收后不耐贮藏及运输。生产中可以根据以下几方面判断油梨果实的成熟度。

1. 根据果实发育时间推算 一般早熟品种的果实发育约需120天，中熟品种约需150天，晚熟品种需180～240天。

2. 根据果实形态判断 果实已停止增大，发育饱满；果皮开始表现出品种固有的颜色(如由绿色变成暗绿色或紫色、红色等)；果柄变粗，由绿变黄，表明果实进入成熟阶段。

3. 根据果实相对密度判断 未成熟果实的相对密度大于1，成熟果实相对密度约为0.9。把果实放入水中，能浮起水面的，表示已成熟，沉下水面的则未成熟。

4. 根据果实含油量判断 不同的品种达到完全成熟时果实含油量不一样。果实含油量不再增加时，表明已达到生理成熟度。可以通过试验测定手段测定果实的含油量来判断果实成熟度。

5. 根据种子判断 剖开果实察看种皮，种皮已干润皱缩，呈深褐色时，表明果已成熟；如种皮仍为灰白色，紧包种仁，表示尚未成熟。有的品种果实成熟后种子脱离种腔，用手摇动时会感觉到种子松动撞击果肉。

在生产中应根据油梨果实采收后的不同用途,选择在不同的成熟度采收。例如,供鲜食用的,要在果实已经充分长大,达到该品种固有的大小和风味时采收;采收后要贮藏和运输用的,应在果实达到可采成熟度时(约八成熟)采收;用于采种的果实,应在果实完全成熟、种子达到最饱满时采收;采收后用于提炼油梨油的果实,要在果实达到生理成熟度,含油量达到该品种最高值时采收;采收后用于制作果汁、果酱的果实,则宜在果实充分成熟、风味最佳时采收。

(二)采收方法

1. 采收用具的准备　油梨植株高大,除少部分树冠下部的果实可以站着采摘外,树冠中上部的果实则需要借助一定的工具才能采收。因此,在采收前要做好采收用具的准备工作。采果用具包括采果梯、采果剪、长柄网兜、采果袋(篓)、果筐或果箱等。采果梯要轻便,坚固耐用,最好使用铝合金材料的"人"字形梯,以便搬动和固定。采果剪要锋利,前端要圆滑,以便采果时不致刺伤果实。树冠顶部及枝条远端的果实则需要用带长竹竿的网兜采收,竹竿的前端配以小钩(位于网兜口边上),以便钩取果实。采果帆布袋或篮(篓)的容量以能装 10 千克左右为宜,太小影响采收工作效率,太大容易造成果实相互挤压。果筐或箱内部要光滑洁净,并衬垫有报纸或麻布,以免擦伤果皮。

2. 采收方法　用采果剪从果柄基部把果实剪下,或直接用手从果柄基部折断;结果部位过高或枝干远端的果实,则用带长竹竿的网兜采收,采收时,把网兜从果实下方往上套,使果实置于网兜中,再用网兜口内的铁钩钩住果柄基部或中上部,用瞬间力把果实连同果柄钩落入网兜中,再用采果剪把果柄剪掉,只保留约 5 毫米的果柄,放入采果袋(篓)中。

国外有条件的油梨园多用升降采果机械辅助采果,可最大限度地减少果实采收过程中的损伤。

3. 采收的注意事项　①采收前1周内不要灌水。如遇降雨，要在停雨后3天以上才能采收；否则，因果实含水量过高，将影响果实品质和耐贮性。②选择阴天或晴天上午露水干后采收果实，不能在雨天采收。③先熟先摘，分批采收。先摘已成熟的果实，这样采收的果实成熟度相对一致，便于分级包装。避免一次性采收，因树冠水分供应不平衡，一次性采收易造成叶片失水卷缩，尤其对结果多的树更有必要分批采收。④采收的果实要保留一段果柄。不带果柄的果实，病菌容易从果蒂处侵入，导致果实在贮运和后熟过程中腐烂变质；但果柄又不能留得太长，以免果实之间相互戳伤。一般保留5毫米左右的果柄较适宜。⑤做到轻拿轻放。油梨大多数品种为大型果，单果较重，果皮容易破损，或果肉易被挤压损伤，所以，在采收果实的整个过程都要轻拿轻放。严禁将果实用长竹竿打下或摇动树枝将果实摇落下地；切忌边摘边抛落或在转移容器时整袋、整筐倾倒，以免擦伤或压伤果实。特别是大果型品种，在转移容器时要单果转移，轻拿轻放。

（三）分级、包装和运输

1. 分级　在果园里把果袋或果篮中的果实转装到果筐或果箱时，可以进行初选分级，按果实大小分别装筐或装箱，同时剔除严重病虫害果、畸形果、机械损伤和色泽反常的果实。如果就地销售，果实采收经分级后即可立即包装出售，也可经后熟使果实初步软化再出售。

2. 杀菌剂处理　油梨果实贮藏期间的主要病害有炭疽病和蒂腐病。采果前用杀菌剂喷洒果面，采后用杀菌剂药液浸泡果实3～5分钟，可以有效防治炭疽病和蒂腐病。可选用多菌灵、苯来特、咪鲜胺等杀菌剂。

3. 包装　油梨果实在贮藏和运输前要妥善包装，以减少果实水分蒸发，防止病菌入侵和传播，并使果实在运输过程中不致因松动而相互擦伤,保持果实的新鲜和果面美观。包装材料一般以白色、细软、无味、薄而有韧性的纸或塑料为宜。装果容器可用果箱(木制或纸制)或竹筐,容器内表面用干燥无异味的软纸加以衬垫,装果时每层果实之间还应衬以塑料泡沫垫,以缓冲果实与容器之间、果实与果实之间的摩擦和挤压。装果的容器以能装 5～10 千克为好,容量过大容易使下层果实被挤压损伤。

4. 预冷 油梨果实采收后应立即预冷。预冷后的果实放在适宜的贮藏温度和没有乙烯的环境中,可以延缓油梨果实后熟和变软。

5. 运输 油梨果实的运输在确保果实不受损伤的前提下,装、运、卸的速度要快捷,以尽量缩短运输的时间。果实运输途中应保持低温、干燥、通风。严禁将果箱放在露天日晒雨淋。短途运输的车辆最好是带有防晒降温功能的帆布,以降低运输途中车箱的温度。长途运输的最好能用冷藏车装运,运输时的温度要求随品种而异。在美国推荐的运输温度是:加利福尼亚州栽培品种(属于危地马拉系和墨西哥系)为 4.5℃～6.6℃,佛罗里达州栽培品种(属于西印度系和危地马拉系)为 9℃～10℃。

(四) 果实的后熟

油梨果实采收时果肉仍然比较硬实,没有香味,甚至带有苦味,不能立即食用,须经过一个后熟阶段达到软熟时方能食用。温度对油梨果实的后熟及其品质(外观、风味及质地)有显著的影响。据 Hatton(1965 年)对美国佛罗里达州几个油梨栽培品种的试验发现,果实后熟变软的最适温度为 15℃～21℃,在这个温度范围内,不同品种果实后熟变软的时间差异为 2～6 天;低于 12.8℃时,西印度系品种如 Pollock 和 Waldin 的果实会在 2～3 周内冻伤。温度太高,对果实后熟也不利,果实在 30℃ 或 30℃ 以上温度中后熟,果肉软化不均匀,果皮褪色、皱缩、腐烂而且有异味。果实后熟所需时间的长短也与生理成熟度有密切关系,一般来说,果实生理成熟度愈大,达到食用软熟度所需的时间就愈短。软熟后的果实呈现该品种果实固有的后熟色泽,有的呈黄绿色,有的呈紫红色或紫黑色,用手指轻压果实,感到略微轻软即可食用。过度后熟的果实,果肉软烂、品质下降,随后果肉会腐烂而不堪食用。在广西南宁市,一般采收后在常温下早熟品种后熟时间约为 5 天,中熟品种 7 天左右,迟熟品种 10 天左右。

二、贮藏保鲜

油梨果实可以通过贮藏保鲜达到延长市场供应期的目的。贮藏保鲜的关键在于抑制果实呼吸高峰的出现,使呼吸作用降低到最低水平,这样就可以延缓果实衰老,延长保鲜期。最常见的保鲜方法有留树贮藏保鲜、冷藏贮藏保鲜、减压贮藏保鲜和气调贮藏保鲜。

(一)留树贮藏保鲜

油梨最简单的贮藏方法是直接留树保鲜,延期采收。由于油梨在树上不会软熟,呼吸高峰只有在采收后才出现,当其达生理成熟后,可以在树上保留一段时间。油梨果实挂在树上不会后熟的原因一般认为是油梨的叶或茎可产生乙烯抑制物质,抑制了乙烯的生成,从而抑制果实呼吸高峰的出现,只有采收或果实受伤后才会产生大量乙烯,使果实出现呼吸跃变期,促使果实后熟。油梨果实留树保鲜时间的长短因品种不同而有较大差异,如 Hass 品种成熟后可留树保鲜 3 个月左右,一般品种也可留树半个月至 1 个月。但是,西印度系品种果实留树保鲜效果较差,果实成熟后,如不及时采收,往往会造成大量的采前落果。

(二)低温贮藏保鲜

适宜的低温环境,可以使油梨果实的呼吸作用强度减弱 1/3

左右,延缓果实的后熟,同时低温抑制了各种病菌的滋长,从而延长果实的保鲜期。

油梨果实贮藏环境最适宜的温度以使果实的呼吸作用降到最低限度而又不致受冻害为原则。不同的品种对低温的忍受能力不一样,墨西哥系品种的果实最耐低温,一般可在 4℃～4.5℃的环境中贮藏;西印度系品种的果实耐低温的能力较弱,多数以在 10℃～13℃的环境中贮藏为宜;危地马拉系品种介于以上二者之间,以在 7℃～8℃的环境贮藏为宜。对大多数品种来说,为防止果实冻伤,最保险的贮藏温度是 12℃左右,在此温度下,果实可推迟后熟期 2～4 周。贮藏期间相对湿度要求控制在 80%～90%。

经低温贮藏后的油梨果实须在 15℃～21℃的环境下后熟,若后熟温度超过 30℃,则果实变软不均匀,失去固有风味,果皮褪色、皱缩、腐烂、有异味。

在贮藏过程中,温度过低果实会出现冷害,主要症状是果皮出现褐烫和凹陷,出库后果肉软化不均匀,果肉变成灰褐色,有异味;冷害严重时,果实变硬、变黑,无法继续后熟。果实采后进行真空渗钙处理、气调贮藏,均可以在不同程度上减轻或避免油梨果实的冷害。

(三)气调贮藏保鲜

油梨果实采收后存放期间会不断产生乙烯,当乙烯达到0.1～10 克/平方米时就会引起果实出现呼吸高峰,此后 3 天果实变软,达到可食用的成熟度,以后果实品质日渐衰败。因此,要延长果实的贮藏期,就要减少乙烯的浓度。试验证明,在低氧和高二氧化碳环境下可控制乙烯的产生,从而延缓呼吸高峰的到来。Hatton (1972 年)曾在美国佛罗里达州试验表明,在 7.2℃低温下把油梨果实放在 2% 的氧气和 10% 的二氧化碳容器中,能使 Lula、Booth8 和 Fuch 等品种的果实比在正常空气中冷藏的贮藏寿命延长 1 倍,贮藏时间达 40～60 天可保持新鲜状态。气调贮藏的最适温度因品种而异,可参照低温贮藏法各品种的最适温度。

(四) 减压贮藏保鲜

油梨还可以采用减压贮藏法。具体方法是:在特定温度下,用真空泵不断抽去密闭容器中的空气,使油梨产生的乙烯和贮藏环境中的氧气浓度下降;从而有效地抑制果实的呼吸作用,减缓后熟的生理进程。根据试验,Hass 品种果实在 6℃温度、60 毫米汞柱气压中贮藏 70 天,而后转移到 14℃的普通气压下贮藏,对后熟并无不利影响。墨西哥系品种的果实在气压为 20 毫米汞柱、4.5℃的条件下贮藏 3 周后果肉依然坚硬,极少有腐烂和受冷害,而在760 毫米汞柱下贮藏的,3 周后果实均已变软,而且有相当多的果实发生冷害并腐烂。

(五) 后熟油梨果肉的贮藏

一是果实开始软化后熟时,置于 5℃～8℃条件下贮藏,可保持 6～10 天不变质。二是把后熟果肉与糖按 3：1 混合,装罐密封,在－17.8℃条件下贮藏,可保存数月不变质,但要随取随吃,一旦在常温下暴露于空气中时间过长,果肉会变色并产生异味。三是将果肉切成片或做成酱,并用液氮冷藏,能保持原有质地与风味近 1 年。国外有人将油梨果肉与洋葱、柠檬、食盐等制成沙拉,装入大口玻璃瓶或锡罐,在瓶或罐中充氮以取代空气,在－18℃低温下可保存 7 个月,色、味尚佳。若将其在氮气或真空环境下包装,在－18℃条件下贮藏,11 个月后仍然鲜美如初。

三、油梨果实鲜食方法

经后熟的油梨果肉质地细腻,有核桃香味或鸡蛋黄香味,适宜鲜食。用于鲜食的油梨以刚好后熟、果肉软熟均匀的果实为佳。食用时,用刀把果实纵剖切开,去掉种子,切成瓣,去皮即可食用;

或纵剖成两半后,去掉种子,用勺子直接取食;也可以根据各人的喜爱,加糖、盐、酱油、胡椒粉、柠檬汁、鲜牛奶或炼乳等调料,拌匀后食用。

四、油梨果实的加工与利用

(一)油梨加工食品

后熟的油梨果实经过简单加工可以制成各种精美的食品。下面介绍几种加工方法。

1. 油梨食谱

(1)牛肉油梨盖饭

原料(2 人份):牛肉 150 克,洋葱 1/2 个,油梨 1/2 个,蒜 1 个,调料(味淋 1 大匙、酱油 1 大匙、水 1 大匙、糖少许),黄油 2 小匙,芥末 1/2 小匙,米饭适量,柠檬汁少许。

制作方法:①洋葱切薄,用色拉油加盐、胡椒炒。油梨切成两半,除种去皮,切成适量大小的块,浇上柠檬汁。②蒜切薄片,用色拉油炒。③牛肉去筋,撒上盐、胡椒烤,切成适量大小的块。④将调料煮开,关火加上黄油和芥末。⑤在温热饭上加上①、②、③、④,如果喜欢还可以放上小葱、西洋菜。

(2)油梨滑牛肉

原料:油梨 1 个,牛肉 100 克,彩椒 10 克;色拉油、料酒、盐、老抽、蚝油各适量。

制作方法:①牛肉切薄片,用适量的料酒、香料腌渍片刻。②锅内热油,放入牛肉,滑至成熟后盛出备用。③锅底留油,将彩椒炒熟后,加入炒好的牛肉,用盐、老抽、蚝油翻炒调味。④最后放入油梨片(块)拌匀即可。

最好用大火热锅后下入牛肉翻炒,这样最后的口感会比较滑嫩。油梨可生食,所以只需略微过火即可。

特点:虽然油梨只是配角,却可能比主角牛肉味更好。因为油梨的味道是带着黄油味的绵滑细腻,再饱吸了牛肉的汁水,更会鲜美无比。

(3)油梨肉丝

原料:油梨果,牛肉或猪肉,红辣椒,酱油,米酒,生粉,胡椒粉,盐,味精。

制作方法:①肉丝加入由酱油、米酒、生粉和胡椒粉调成的调味料,拌匀。②油梨果去皮,切小片备用。③起油锅,放入肉丝炒至变色,放入油梨及调味料,快炒数下即可。

(4)油梨果炒鸡柳

原料:油梨果2个,鸡肉350克,红萝卜1/2个,青椒1只;姜汁、酱油(生抽)、蚝油、茨粉(豆粉或粟米粉)适量。

制作方法:①油梨果一分两半,去核,用刀挖出果肉切条,果壳用沸水浸热。②鸡肉切条,用调味料腌约1小时,加茨粉拌匀,红萝卜去皮洗净切丝,青椒去籽切丝。③起油锅炒熟鸡肉,下红萝卜丝、青椒丝调味,加油梨果条炒匀,取出放进油梨果壳内即可。

(5)油梨虾仁

原料:油梨果,虾仁,盐,酒,胡椒粉,蒜末,味精,生粉,咖喱粉。

制作方法:①虾仁用盐略搓,用水洗净,沥干,拌入用盐、酒和胡椒粉调成的调味料,置于冰箱中20分钟后取出,放进开水中略烫即捞起备用。②起油锅,放入蒜末、咖喱粉炒香,再把油梨片、虾仁和用蒜末、味精、盐、生粉、咖喱粉调成的调味料入锅拌炒,起锅前勾茨,淋上少许麻油即可。

(6)酪炸油梨

原料:油梨果,面粉,沙拉油,盐,糖,蛋,水。

制作方法:①把调味料调匀成面糊备用。②烧热油锅,改小火,将油梨切块蘸面糊入锅油炸,起锅前改大火,变成金黄色后起锅,蘸胡椒盐食用。

(7)油梨鸡蛋寿司

原料:1个鸡蛋,1/4油梨(切小块),少许食用油,少许食盐。

制作方法:①打散鸡蛋,加适量食盐。②在热锅中先煎一个薄薄的蛋饼,鸡蛋饼凝固时放入切好的油梨,加热20秒(也可以不再加热)即可起锅。③把蛋皮卷起来,切成几块即成。

(8)青椒油梨酱

原料:青椒1个,青番茄4个(去皮),洋葱头1个(切碎),大蒜1头(拍碎),芫荽叶适量,新鲜柠檬汁30克,油梨果3个(切成小块),盐和胡椒粉适量,玉米饼适量。

制作方法:①将青椒放在烧烤架上烤,注意翻转,直到出现烤焦状,大约4分钟,盛在碗里用保鲜膜盖严,放置5分钟。剥下皮,去梗去籽,再切成小块儿。②再将青番茄烤成浅棕色,用绞碎机绞成浓汤状。③将番茄浓汤、青椒块、洋葱头、大蒜末、芫荽叶、柠檬汁和一半的油梨块儿拌在一起,尽量捣碎后加入剩下的油梨稍捣一下,用盐和胡椒粉调味,然后在上面撒一些青椒块和芫荽叶,即可就玉米饼食用。这是清淡型油梨酱,给原油梨酱增添了一些甜味,青椒则赋予其令人愉悦的辛辣味道,这里还可以加入樱桃、杧果或圣女果,口味会更香甜、清淡,玉米饼烤得稍煳会更有滋味。

(9)油梨燕麦粥

原料:1/4杯速溶燕麦,1杯豆浆或牛奶或是一样一半,1/4个油梨。

制作方法:①燕麦豆浆或牛奶放在一个大碗中,微波炉加热2~4分钟(加热时间根据自己的喜爱而定)。②油梨去皮去核,切成小丁放在燕麦碗中,再在微波炉中加热半分钟即可。

(10)油梨番茄汤

原料:油梨果1个,番茄约300克,洋葱1/2个,西芹1条,番茄膏2汤匙,香叶1片,牛肉清汤1升,牛油2茶匙。

制作方法:①番茄洗净,去皮、籽切粒。洋葱切丝,西芹切片。油梨果去皮去核,果肉切小粒备用。②锅内下牛油,下洋葱及西芹炒香,加入番茄肉粒及番茄膏炒匀,注入牛肉清汤及香叶煮开,慢火煮20分钟。③取出香叶,下搅拌机中搅成茸汤,放回汤锅内煮开,调味,加入油梨果粒煮一会即可趁热饮用。

(11)油梨果鲜虾沙拉

原料:后熟的油梨果1个,适量鲜虾,蛋黄酱,白醋,白砂糖。

制作方法:①将油梨果从中间剖开,去掉种子,就是两个天然的小碗了。②把鲜虾煮熟去壳,放进油梨果内,再浇上用蛋黄酱、白醋、糖调的酱汁,即可制成鲜美的油梨果鲜虾沙拉。油梨果入口润滑,虾仁鲜香酸甜,既开胃又提神。

(12)蒜香油梨

原料:熟油梨果实1个,蒜末适量,少许姜末、酱油、糖、麻油、冷水。

制作方法:①油梨果洗净后去皮去核,果肉切成片或块,调匀佐料,直接蘸料食用。②或把果实切成两半,去除果核,把调好的佐料倒入其中,用小汤匙拌匀食用。

(13)香蕉绿梨

原料:香蕉,油梨,小黄瓜,番茄,原味优酪乳,沙拉酱,柠檬汁。

制作方法:①所有原料切成丁状,在大容器内压碎香蕉,加入柠檬汁、优酪乳、沙拉酱,拌匀。②在盘内放入油梨丁、黄瓜丁、番茄丁,再拌入香蕉酱即可。

(14)夹心油梨

原料:油梨果,吐司面包或春卷皮,海苔皮,沙拉酱,各种有机果蔬。

制作方法:油梨果去皮、去核、切片。在面包中夹入各种材料和油梨即可食用(油梨可取代奶油,具滑润感)。

2. 油梨饮料

原料:后熟的油梨果实,适量炼乳或牛奶,糖或绿豆沙。

制作方法:取出油梨果肉,加入适量炼乳或牛奶、糖或绿豆沙,放入打汁机里打均匀,直接饮用。冷冻后饮用味道更佳。

3. 油梨冰淇淋的制作　在冰淇淋原料中加入 50% 的油梨果浆,其产品不再是单一的奶香,而兼有果香味。油梨冰淇淋甜味、奶香味并存,具有油梨果肉特有的风味。其色泽乳白微绿,色、味诱人,质感细腻,营养成分丰富,果肉粗脂肪含量高,可减少配方中脂肪的加入量,从而降低冰淇淋的生产成本。

(1)主要原料　油梨、全脂奶粉、淡炼乳、白砂糖、鸡蛋、海藻酸钠、单甘酯、柠檬酸、异抗坏血酸。

(2)生产工艺　后熟的油梨果实→切半→去皮、除核、取肉→加护色剂、蔗糖→打浆→胶体磨→加入其他原料混合→均质→杀菌→冷却→老化→凝冻→灌装→检验→成品。

(3)制作过程　①取后熟的油梨果实,对半切开,去皮、除核、取果肉,添加少量柠檬酸和异抗坏血酸钠护色,加糖,打浆。如果果肉单独与空气接触时间过长,会变色变味。②原料混合均质、老化。将海藻酸钠、单甘酯与其 10 倍重量的砂糖混合均匀后,加水混合溶解备用。脱脂奶粉、淡炼乳和稀奶油加适量水一起混合均匀后加入溶化好的奶油和准备好的海藻酸钠、单甘酯、剩余的蔗糖、果浆共同混溶,加热至 65℃,放入均质机,进行均质处理,使粒子微细化。在 80℃ 下杀菌 20 分钟,放入老化缸,温度从 8℃ 降至 5℃,搅拌 4～6 小时;再从 4℃ 降至 2℃,老化 6～10 小时,使料液结合充分,食之无冰晶。③凝冻、灌装与贮藏。置于 0℃～4℃ 的冷柜中凝冻,经常检查凝冻情况,及时高速搅拌转速,保持适当的膨胀率,并与灌装速度协调。凝冻后进行灌装,放入 -18℃～-20℃ 的冷柜或冷库冷藏,即成硬质冰淇淋。

4. 油梨粉的制作　油梨制成油梨粉,可以作为固体饮料直接冲饮,也可以调制成冰淇淋等冷饮食品。油梨粉保持了油梨原有的色、香、味,保质期达到半年以上。

(1)主要原料　油梨、白糖、可溶性淀粉、异抗坏血酸钠、乳化剂。

(2)生产工艺　后熟的油梨果实→清洗→取果肉→打浆→过

滤→混合均质→杀菌→喷雾干燥→出料包装→成品。

（3）制作过程　①清洗果实。选择无病虫害、无腐烂的成熟油梨果实，清洗去泥沙、灰尘等杂物。②取果肉、打浆。将果实切成两半，除去果核，用匙子将果肉挖出，同时将腐烂的果肉和果皮去掉，用搅拌机将果肉打浆。打浆时应加入适量抗氧化剂（0.05％异抗坏血酸钠），防止果浆褐变。③混合、均质。加入可溶性淀粉、白糖、乳化剂等，添加少量过滤水，混合均质，使其变成均匀、细腻、流动性好的浆汁。④过滤。因取果肉时会带进少量纤维、皮屑，故需用100目滤布进行过滤，使果浆变得细腻。⑤杀菌。高温杀菌会使油梨味道变苦，所以宜采用巴氏杀菌法，水浴加热至 60℃～70℃下杀菌 20 分钟。⑥喷雾干燥。在实验室条件下可采用 QZ-5型高速离心喷雾干燥机进行干燥，工业生产要视产量而选择机型。进料速度应保持恒定。⑦出料包装。出料包装要及时。待进、出口温度接近时关机，关机后趁势立即出料，然后马上封口，否则产品容易吸潮，影响质量。产品最好用铝箔纸真空包装，避光、隔氧，并且最好采用小包装，每次一包，即开即用。油梨果肉中黄色色素比绿色色素丰富，若包装不好或见光，产品成色——黄绿色（偏黄）很容易褪去而影响质量。

5. 油梨酸乳的制作　油梨与牛乳配合，经过乳酸发酵可制成发酵油梨制品。油梨酸乳色泽明亮（乳黄色），滋味协调，口感细腻，无苦味，品质稳定。既很好地保留了油梨的营养和保健成分，又使产品最大程度地保持新鲜和应有风味。

（1）主要材料　油梨、乳粉、白糖、异抗坏血酸钠、消泡剂、菌种（保加利亚乳杆菌和嗜热链球菌分别培养，1∶1 混合接种）。

（2）生产工艺

成熟油梨果实→清洗、剖分→去皮、去核，取果肉→护色→打浆→60 目过滤布过滤→与其他原料混合、搅拌→均质→杀菌→冷却→接菌种→分装→保温发酵→冷藏后熟→成品。

（3）制作过程　将油梨果肉置于沸水中热烫，同时添加 0.05％

异抗坏血酸钠,趁热打浆 1 分钟。预先将含 11% 全脂乳粉和 2% 脱脂乳粉的乳液加热至 90℃,糖液加热至沸。按乳液中最终含 8% 蔗糖和 8%～10% 油梨果肉的比例,将糖液、油梨浆和乳液趁热混合搅打 1 分钟,再添加适量的消泡剂,趁热均质(5～8MPa),85℃～90℃杀菌 1 分钟,迅速冷却至 45℃,按 20%～30% 的比例接种乳酸菌,在 42℃～43℃下保温发酵 4～4.5 小时,放冰箱冷藏后熟,即得成品。

(二) 油梨可直接用于护肤、美发等美容业

1. 油梨美肤 油梨含有丰富的甘油酸、蛋白质及维生素,润而不腻,是天然的抗氧衰老剂。它不但能软化和滋润皮肤,而且更能收细毛孔,是美容佳品。每周使用以下面膜 1 次,有利于保护皮肤、防止皮肤角化和干燥,使皮肤光彩照人。

(1)油梨香蕉酸奶面膜

材料:1/4 个油梨、1/2 个小的熟香蕉或 1/4 个大的熟香蕉、1茶匙纯酸奶。

使用方法:把油梨、香蕉和酸奶搅成糊状,敷在润湿的面部按摩以促进血液循环。若想使效果更佳,则在按摩之后,将纱布敷在面膜上,在脸上停留 10 分钟后洗净,再涂上保湿霜。

(2)油梨香蕉面膜

材料:1/2 个熟香蕉,1 个熟油梨,清水少许。

使用方法:将香蕉及油梨一同揉烂至乳状,加入清水,然后敷脸约 15 分钟,再用温水洗净。

2. 油梨美发 油梨内的卵磷脂最适宜用来护理干燥及受损的头发,让头发恢复柔顺光亮。

材料:熟透的油梨 1 个,生鸡蛋白 1 个,柠檬汁少许。

制法:将油梨果肉与鸡蛋白搅拌,加少许柠檬汁,以防油梨果肉变黑。

用法:将头发洗净后用毛巾揩干,涂上油梨混合物半个小时以上,而后用性质温和的洗发精洗净头发即可。

3. 油梨美甲　把 1/4 个熟透的油梨果肉捣成果泥,与一茶匙橄榄油混合后涂在指甲上,15 分钟后用温水洗净,可使指甲散发健康的光泽。

(三)油梨油提取技术

油梨油的提取可采用离心分离法、压榨法和超临界流体萃取法。

1. 离心分离法

(1)主要原料　油梨果实、食盐、氢氧化钠、活性白土、活性炭。

(2)生产工艺　采收鲜果→后熟处理→去皮、去核→用胶体磨粉碎打浆→稀释、加热至 100℃→加适量食盐→调节 pH 值→离心机分离→粗油→脱酸→脱胶→脱色→脱臭→油梨油成品。

(3)生产过程　①果肉处理。成熟油梨果实清洗后去除果皮、果核,取出果肉,加入与果肉等量的水,粗打成浆,再用胶体磨磨成细浆。②加入相当于果浆总量 2 倍的水量稀释,加热至 100℃,再加入相当于果浆总量 0.5% 左右的食盐,用氢氧化钠溶液把果浆溶液 pH 值调节至 5.5 左右。③趁热放入离心机离心,即可把粗油和水、果渣分离。④脱酸。即去除粗油梨油中游离的脂肪酸。用滴定法测定粗油酸价(每中和 1 克油消耗氢氧化钠的毫克数)后,计算出中和酸度所需的碱量,将碱配成 12%~14% 溶液,加入粗油中拌匀,加热至 60℃~70℃静置 6 小时左右,浸出去酸清油。清油再用水洗 2 次(每次用 10% 清水)以去除残皂。最后,加热至100℃~120℃去除水分。⑤脱色。由于油梨果肉近果皮处含有大量的叶绿素,提取出的粗油颜色呈绿色至墨绿色,需要脱色。脱色的方法是:用相当于粗油总量的 2.5% 活性白土和活性炭混合剂(比例为 6∶1)做吸附剂加入油梨粗油中,加热至 120℃~130℃,均匀搅拌,过滤。连续脱色 2 次,即得淡黄色的油梨油。⑥脱臭。在果肉处理过程中的热处理,会使油梨油带有不良气味,加上在脱色过程中脱色剂也会留下泥土味,需要经过脱臭处理,才能得到无异味的油梨油。在实验室条件下,在真空条件下加热到230℃～240℃,直接导入蒸汽并一直保持较高的真空度。生产上需用专用的脱臭罐进行脱臭过程。

用离心分离法提取油梨油,工艺简单,出油率高,提取率达83%～88%,油梨油质量好,且安全可靠。提取的油梨油质量接近或达到美国出口的油梨油质量标准。用鲜果肉直接打浆离心法提取的油梨油浅黄色、明亮、透明,折光率1.4698,比重0.9155,酸价<0.8,过氧化值<4.0,皂化值198.7,碘价139.4,色泽(罗维明比色计133.4毫米槽):黄10,红2.0。油酸、亚油酸、亚麻酸等不饱和脂肪酸占脂肪酸总量的79.59%,与美国产的油梨油相似(井上弘明在日本大学测定,美国产的油梨油不饱和脂肪酸为79.40%)。

提取油梨油后的油梨果渣可作为牲畜饲料,油梨种子经粉碎加工后也可制成良好的鸡饲料。

2. 压 榨 法

(1)主要原料　油梨果实、沙粒(经筛选和洗净,粒径为0.9～6毫米)、活性白土、活性炭。

(2)生产工艺　油梨果实→清洗→去皮、去核,取果肉→破碎成糜→加入添加剂→混合均匀→加热→压榨→油渣混合液→加热→过滤→离心分离→油、水混合液→油、水分离→粗油梨油→脱色→真空低温干燥脱水→成品油梨油。

(3)生产过程　①果肉处理。成熟油梨果实清洗后去除果皮、果核,取出果肉,并破碎成糜,加入相当于果肉重量的30%～40%沙粒,混合均匀后加热至75℃,并保持30分钟。②压榨、过滤和水油分离。把混合料加入螺旋果汁压榨机压榨,将压榨汁液加热至75℃～80℃,过滤,并通过离心机把油、水分离,即得绿色的粗油梨油。③脱色、脱水。用相当于粗油梨油总量的0.5%活性炭与3%活性白土混合脱色剂加入粗油梨油,加热至75℃～80℃,混合均匀,过滤,得到淡黄色的油梨油;在真空低湿条件下干燥脱水,即得成品油梨油(淡黄色,含水分及挥发物≤0.1%)。

3. 超临界流体萃取法 主要生产工艺如下:油梨果实→清洗→去皮→干燥→提取→成品油。生产过程中无废水、废气排放,废渣可进一步利用,使油梨果实的各部分都得到了充分利用。所得产品的不饱和脂肪酸含量达 80.26%,维生素 E 含量达 258 毫克/100克。该方法的技术要求较高,设备要求严格,生产成本较高。

(四) 油梨油的综合利用

油梨油营养丰富,属于不干性油,与皮肤亲和性好,渗透性强,对皮肤无刺激性,除能保持皮肤的润滑性外,还可作为多种营养物质的载体,渗透进皮肤,因而具有良好的护肤作用。油梨油容易形成细腻的乳状液,并适于长期保存,已被人们开发为高级化妆品的优质基础油。美国等国家已将油梨油广泛应用于化妆品,在护肤霜、洗面奶、面膜剂、香皂、洗发香波、防晒霜、剃须膏等多种系列化妆品和日用品中添加了油梨油。许多欧美国家及日本、澳大利亚等国也相继大量进口油梨油,用于高级化妆品及食品工业上。目前,我国扬州、深圳、梧州等城市多家化妆品厂也从国外进口油梨油用于化妆品生产。

此外,油梨油富含不饱和脂肪酸和维生素 A、维生素 D、维生素 E 等,消化系数高,可作为高级植物食用油和食品工业用油;油梨油中的不皂化物在治疗硬皮病、牙周病等疾病中有显著疗效;在医药上油梨油可作为软膏药剂的原料;在工业上油梨油可作为机械润滑油等。

参考文献

[1] 刘荣光主编. 南亚热带小宗果树实用栽培技术. 北京: 中国农业出版社, 2002.

[2] 韦庆龙, 等. 广西热带作物. 南宁: 广西人民出版社, 1994.

[3] 钟思强. 油梨的营养价值及保健作用. 广西热带农业, 2002(4): 19—21.

[4] 黄彩萍, 等. 鳄梨提取液在化妆品工业上应用的初步研究. 林产化学与工业, 2004(1): 87—90.

[5] 刘康德, 等. 油梨大面积引种试种初报. 热带作物研究, 1993(4): 38—47.

[6] 罗关兴, 等. 四川攀西油梨引种试种报告. 广西热作科技, 1996(4): 26—27.

[7] 谢惠珏, 等. 贵州油梨引种观察及适应性研究. 热带作物科技, 1994(1): 48—50.

[8] 何国祥, 等. 油梨幼芽嫁接技术. 广西热作科技, 1988(2): 9—12.

[9] 苗平生. 提高油梨坐果率试验初报. 热带作物科技, 1989(2): 60—62, 88.

[10] 岑志坚, 等. 油梨根病病原鉴别及防治措施探讨. 广西热作科技, 1997(3): 25—29.

[11] 黄发新, 等. 油梨冰淇淋的制作方法. 食品工业, 2002(1): 12—13.

[12] 陈民, 等. 油梨粉的试制工艺. 热带农业工程, 2001(1): 25—26.

[13] 刘四新, 等. 油梨深加工的研究. 中国食品学报, 2004

(4):51—54.

[14] 何国祥,等. 油梨油的提取、精制及其开发前景. 广西轻工业,1997(2):21—28.

[15] 沈辉,等. 压榨法制取鳄梨食用油脂的研究. 中国油脂,1999(1):12—14.

[16] 李月宝. 油梨食谱. 台南区农业改良场技术专刊,1986-4(NO. 70).

[17] http://www. trends. com. cn,2008-01-18.

[18] http://web. jonweb. net,2007-09-18.

[19] http://www. sz2007. com,2007-04-06.

[20] http://www. dy369. com,2006-03-24.

致　谢

　　本书初稿承蒙广西职业技术学院何国祥教授审阅，在此谨表示感谢！

编著者
2009.2